JN006283

ゼロトラストネットワーク［実践］入門

野村総合研究所／
NRIセキュアテクノロジーズ

技術評論社

はじめに

もう過去には戻れない

近年、企業経営者が望むと望まざるとにかかわらず、職場では半ば強制的にテレワーク環境が普及してきました。

テレワークを中心とした職場環境の変化は、個人の就業価値観の変化をもたらしています。テレワークでは通勤時間削減や在宅での休憩時間において家族などと過ごす時間が増えたことで、ワークライフバランスに対する価値観も変化し、生活行動そのものが変容してきています。人材採用市場においても「在宅勤務／テレワーク可」といった項目が重要視されはじめてきており、企業は恒常的な就業オプションとして、テレワークを位置づけていくことが求められるでしょう。

一方で各種調査の中では、テレワークのプラス面だけでなく、生産性に対してマイナス面に作用するケースも明らかになってきました。今後も企業はテレワークの効率性を活かしながら、オフィスワークの有効性を再認識した「ハイブリッドワーク」を前提としつつ、継続的に雇用形態の柔軟化、人材活用の多様化などを踏まえた制度改革が求められています。

このように現在進行形で新常態化しつつある職場環境おいて、「ゼロトラスト」は、昨今、急速に開花期を迎えたITキーワードの1つです。

本書を手に取られた方は、すでにゼロトラストに関する何らかの取組みを開始されている、またはゼロトラストアーキテクチャへの移行を完了されている方もいらっしゃるでしょう。一方で、ゼロトラストがITインフラの将来を示す唯一解なのか、少なからず読者の胸には次のような疑問が浮かぶのではないでしょうか？

• そもそも目的は？ 取り組む動機は？

- 現在の技術で実現可能なのか？
- すべてをインターネットベースに変更することは現実的なのか？
- クラウド活用が限定的な自社にとって必要なのか？
- どの程度の企業規模・組織であれば、有効に機能するのか？
- コスト削減は実現できるのか？
- 利便性は下がらないか、利用部門の協力は得られるか？

　最初に挙げた目的については、経験豊富な読者の方々は、すでにゼロトラストという言葉は、「手段」であり、「目的」になりえないことは理解されているでしょう。ゼロトラスト移行を検討する企業の動機はさまざまであり、またこれらの機運はコロナ禍にはじまったことではないといえます。

　例えば、社会課題解決を真正面から捉える企業は、自社組織の枠にとらわれず、他社の資源や技術を組み合わせて、新たな社会的価値、経済的価値の創造が求められており、その実現には企業間共創を支えるIT環境が欠かせないと考えるでしょう。

　従業員の満足度を第一に向上させたい企業であれば、多様化した専門性や、就業環境に沿った業務環境の提供が欠かせず、全職員が時間、場所に捉われない完全なテレワーク環境への移行を整備する企業もあるでしょう。サイバー攻撃に代表される脅威への対応として、境界型と呼ばれる従来型セキュリティモデルでは対処しきれず、ゼロトラストモデルへの全面移行を決断する企業もあるでしょう。

本書について

　本書の執筆陣は、いずれもクライアントに対して、現場の第一線でコンサルティングや導入プロジェクトを経験してきた者であり、ビジネス、IT、セキュリティの各領域において、それぞれが異なる専門性をもって、ゼロトラストを捉えてきた混成メンバをそろえました。

本書の構成は、これらの執筆陣の経験値を活かしたうえで、ゼロトラストが求められる理由、生い立ち、概念、アーキテクチャ、技術、導入事例、展開方針まで踏まえており、これからゼロトラストの導入を検討したい、またはすでに導入済みの取り組みを再点検したい読者にも有用な内容をまとめたものです。また専門的な記載はできるだけ排除し、わかりやすい表現とすることに努めており、全体を読んでいただきながら自身の業務に活かせるポイントを見つけていただければ幸いです。

読者の皆さまの理解を通じて、企業の「働き方改革」や「職場環境の安全性」が促進され、その中で働き手一人ひとりが魅力的かつ充実した人生を送ることに、本書が何らかの形で貢献できればこの上ない喜びです。

謝辞

本書の執筆に際しては、多くの方々のご協力をいただきました。本書執筆の機会を与えてくださり、執筆陣の度重なる原稿遅延に辛抱強く耐えていただいた取口敏憲氏 、ゼロトラストの理想と現実を見据えつつ、常に的確なレビューコメントをいただいた野村総合研究所の小田島潤氏、奥田友健氏、および本書の執筆に直接的、間接的に、ご支援・ご協力いただいたすべての方々に感謝を申し上げます。

執筆陣全員の家族に対する感謝を述べるにはあまりにも紙面が足りないので、泣く泣く割愛しますが本書全体の余白にその想いを込めたいと思います。最後に、我々全員が、ゼロトラストが実現された先は、明るい未来であると信じており、社会を一歩でも前進する使命と高揚感に満ち溢れていることをお伝えして筆をおくこととします。

2022年1月
NRIセキュアテクノロジーズ株式会社
コンサルティング事業戦略部長
兼 デジタルセキュリティコンサルティング部長
石井晋也

本書について

　本書は、ゼロトラストについての理解を深め、実際に企業システム環境にゼロトラストのコンセプトを取り入れて、変革していくための方法を学んでいただくことを目的として書かれています。

　個別のセキュリティソリューションのみに焦点をあてていません。企業の業務や働き方のあるべき姿には各々の企業で特徴があり、またこれまで積み重ねてきたシステム構成も企業ごとに異なります。各企業がゼロトラストを取り入れた将来のシステム構成を策定し、移行していく旅路の旅行ガイドとなればと考えています。

対象とする読者

　本書で重点を置いているのは、企業システム環境全体のセキュリティアーキテクチャと、ゼロトラストの導入、展開です。セキュリティエンジニアのみではなく、CTO、システム部門長、アーキテクト、インフラエンジニアといった企業システム環境全体の構想検討や、実際に製品を選定し、導入、展開を担当するすべての人々のために書かれています。

　本書はゼロトラストのコンセプトを理解し、いかに各企業のシステムに取り入れていくかのプロセスに焦点をあてています。企業システムやセキュリティについての基本的なことがわかっていれば読み進めることが可能です。具体的には、情報システム開発の一般的な流れやIPAで毎年発表される「情報セキュリティ10大脅威」の概要などです。

本書の構成

　本書は6つの章で構成されています。

第1章：ゼロトラストが求められる理由

　ゼロトラストのコンセプトが求められる背景について、企業の業務や働き方の側面と既存の企業システムの構成の側面から説明します。

第2章：ゼロトラストの生い立ちと背景にある脅威を紐解く

セキュリティ脅威の変遷からゼロトラストがより重要なコンセプトとして認知されてきた経緯について解説します。

第3章：ゼロトラストのアーキテクチャ

ゼロトラストの根幹となる分散アーキテクチャの仕組みについて解説します。

第4章：ゼロトラストを構成する技術要素

ゼロトラストの実装を考えるうえで重要となる「認証」「ネットワーク」「端末」「ログの取得と可視化」の4つのコンポーネントについて、対応すべき脅威、ソリューションの特徴、サービス選定時のポイントについて解説します。

第5章：ゼロトラストを導入する流れ

各企業が目標を定め、ゼロトラストのコンセプトを取り入れたシステム環境に移行していくためのアプローチについて解説します。将来の企業システム全体像とロードマップの策定方法について説明します。

第6章：ゼロトラストのサービス選定と展開の検討

ロードマップを元にサービスを選定し、段階的に展開していく方法について解説します。ゼロトラストの展開は長期間を要するため、計画の見直しの観点についても解説します。

本書の読み方

本書では章を読み進めるごとに、ゼロトラストの概要を把握し、構成するソリューションを理解し、自社に導入していく方法論を確認できるようになっています。

すでにゼロトラストについて、ある程度学習済みの読者につきましては、必要な章から読み進めていただくことも可能です。以下に参考とする読み進め方を例示します。

◆ ゼロトラストについてまだあまり知識のない読者

第1章で背景を確認し、第4章でゼロトラストを構成する要素について理解を深め、第5章、第6章で自社へのゼロトラスト導入について知識を深めてください。

◆ ゼロトラストについて、すでに概要を理解しているセキュリティ担当者

第2章から読み進め、セキュリティ脅威と関連付けてゼロトラストが発展してきた理由を理解し、第4章以降を読み進めてみてください。

◆ ゼロトラストについて、すでに概要を理解しているアーキテクト

第3章から読み進め、ゼロトラストのコンセプトが実装可能になった理由をアーキテクチャの観点から把握してみてください。

また、各章には関連するコラムを設けています。読み飛ばしていただいてもゼロトラストの導入アプローチの理解には支障がありませんが、本書のテーマの1つである企業システム変革のジャーニーに役立つ情報となっています。

目次

第 2 章 ゼロトラストの生い立ちと 背景にある脅威を紐解く ⋯⋯⋯⋯⋯⋯ 31

第3章 ゼロトラストのアーキテクチャ ······· 59

第4章 ゼロトラストを構成する技術要素 ······· 83

Appendix ゼロトラストモデルに活用される 主要サービスの一覧 ···························· 275

第1章

ゼロトラストが求められる理由

事業活動とセキュリティリスクのバランス

　ゼロトラストは、その名のとおり「何も信用せず、すべての通信を疑う」というセキュリティのコンセプトです。すなわち、すべてのユーザやデバイス、接続先のロケーションを"信頼できない"ものとして捉え、重要な情報資産やシステムへのアクセス時にはその正当性や安全性を検証することで、マルウェアの感染や情報資産への脅威を防ぐ考え方です。

　本章では、どのようにしてゼロトラストのコンセプトが生まれ、広がっていったのかを説明し、それにともないセキュリィリスクがどのように変化したかを見ていきます。

　近年、ワークスタイルの多様化が進み、従業員が自宅などのオフィス以外の場所で働くケースが増えています。この場合、データは社内ネットワークの内側で生成・管理されるのではなく、社外のさまざまな場所で生成され、分散して存在することになります。十分なセキュリティを確保するためには、これまでのように「単純に社内と社外のネットワークを分離し、社内にデータを置いて守る」といった対策では対応しきれなくなっています。つまり、あらゆる場所に分散したデータを守る新しい方法論が求められており、その結果生みだされたのがゼロトラストというコンセプトです。

1-1　創造性や生産性を高める柔軟な働き方の実現

　事業体におけるデジタル化を大別すると、図1-1のように顧客接点や顧客サービスにデジタル技術を活用して新しいサービスを生み出して市場に提供する外向きのデジタル化と、モバイルデバイスやクラウドサービスを活用して従業員の働く環境を高度化する内向きのデジタル化があります。DX(Digital Transformation)注1 というと、外向きのデジタル化によるビジネスモデルの変革

○図1-1：外向きのデジタル化と内向きのデジタル化

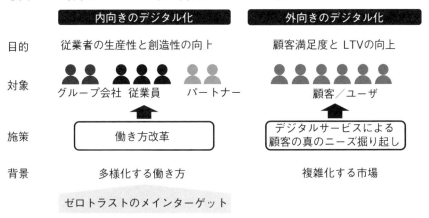

注1）　デジタル技術を活用したビジネスモデルの変革

を想像しがちですが、人事や経理、総務などのバックオフィス業務や商品・サービス開発の企画業務、研究開発など、直接顧客と接しない業務も併せてデジタル化が推進されていないと、事業体全体のDXは実現できません。

　外向きのデジタル化については、多くの企業でさまざまな取り組みが活発に行われています。例えば、顧客の属性データや行動データを取得して分析・活用することで、マスから個へとターゲットを変更し、顧客の満足度を高めてLTV(Life Time Value)注2を向上させるといった活動が行われています。

　一方で、従業員の働く環境の高度化については、企業の取り組みは十分に進んでいるとは言えません。依然として紙の書類や自分の席での仕事、会議室での対面打ち合わせといった物理的な制約の中で定められた時間を過ごすといった働き方が大勢を占めています。

　働く環境においても、デジタル技術を活用し、従業員が場所や時間に縛られることなく、個々のライフスタイルに合わせて働ける環境を整備することが重要です。多様な働き方で能力を発揮できる環境へと移行していくことにより、従業員の満足度と生産性を高め、優秀な人材の継続的な獲得・維持につなげていくことが求められています。

　この、内向きのデジタル化を安全に推進していくにあたって必要となるセキュリティの考え方(コンセプト)が、「ゼロトラスト」です。それでは、働く環境の高度化が求められる背景を見ていきましょう。

分散が加速する社会

　内閣府は第5期科学技術基本計画において、日本が目指すべき未来社会として、Society 5.0注3を「サイバー空間(仮想空間)とフィジカル空間(現実空間)を高度に融合させたシステムにより、経済発展と社会課題の解決を両立する、人間中心の社会」と定義しています。デジタル技術の活用によりこれまでの知識の伝搬、場所、労働力といった制約を取り払うことで、従来からある均一性と効率性を重視した社会から、個々の多様なニーズに対して、きめ細かな対応を可能とした価値創造を重視した社会への移行を目指しています。

注2)　ある顧客から継続的に得られる利益のこと。LTV＝購買単価×購買頻度×契約継続期間で算出される
注3)　Society 5.0：**URL** https://www8.cao.go.jp/cstp/society5_0/

○図1-2：Society5.0とは

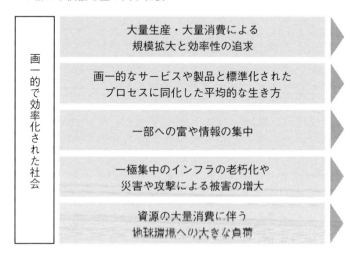

※出典：Society 5.0（日本経済団体連合会）にNRIが加筆

　新型コロナウイルス感染症（COVID-19）への対策として、GoogleやAmazon、Twitterといったデジタル先進企業では、リモートワークが加速的に進みました。Twitterがコロナ禍の終息後も無期限に在宅勤務を認めるといった柔軟な働き方を継続している一方、GoogleやAmazonでは以前のようなオフィス中心の働き方に戻す動きがありました。しかし、現在その方針は弱められています。GoogleやAmazonといった企業であっても、優秀な人材の流出防止の観点から、オフィス回帰の経営方針は弱められ、変更せざるを得なかったのです。

　一度リモートワークで柔軟な働き方が定着すると、再度オフィス中心の画一的な働き方に戻すのはなかなか困難であることがわかります。これからは、柔軟な働き方を尊重することを前提に、円滑なコミュニケーションを実現し、創造性と生産性をどのように上げていくかという視点が重要となります。

Society 5.0

創造社会：
デジタル革新と多様な人々の想像・創造力の融合に
よって、社会の課題を解決し、価値を創造する社会

課題解決・価値創造 "価値を生み出す社会"	
多様性 "誰もが多様な才能を発揮できる社会"	多様性を価値創造につなげる社会
分散 "いつでもどこでも機会が得られる社会"	
強靭 "安心して暮らし挑戦できる社会"	
持続可能性・自然共生 "人と自然が共生できる社会"	

第1章

第2章

第3章

第4章

第5章

第6章

Appendix

デジタルを活用した働く環境の高度化

　柔軟な働き方を進めると、従業員が同じ時間に同じ場所で働くわけではない
ため、コミュニケーションの問題が発生します。非同期なコミュニケーション
が多くなるため、直接会って仕事をするよりも、その場の熱量や一体感を感じ
にくくなります。

　日常生活に目を向けると、離れた場所や異なる時間であっても所属するコミュ
ニティ内で、互いにコミュニケーションを取り、共感を得られています。それ
は、スマートフォンをプラットフォームとして日々多様で便利なサービスが開
発され、利用者が主体的にそれらのサービスを取捨選択し、生活の中に取り入
れているからです。

　仕事のコミュニケーションでは、どのようなコミュニケーションツールがあればよいのでしょうか。コミュニケーションには、合意形成、情報交換、周知、保管・共有、協働、業務処理といった基本的な類型があります。**図1-3**はコミュニケーションの基本類型ごとにコミュニケーションツールの利用範囲を示したものです。従来のオフィス中心の働く環境では、メールによる情報交換、社内ポータルによる周知、ファイルサーバによる保管・共有というように、ITツールをコミュニケーションの一部を支援する補助的な役割として利用していました。それに対し、リモートでの働き方では、打ち合わせやプロジェクト推進、業務処理など、あらゆる業務上のコミュニケーションを、場所を問わず、非同期に進めていかなくてはなりません。これらのコミュニケーションを円滑に行うためには、さまざまなサービスを組み合わせてデジタル上で業務が完結する働く環境を整備していくことが必要です。

○**図1-3：コミュニケーションの基本類型とITサービス**

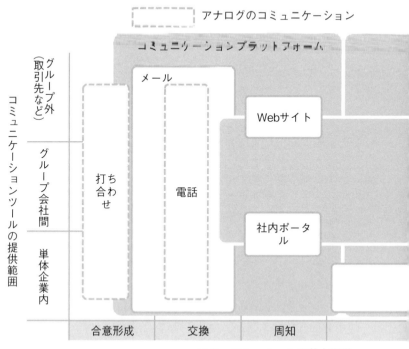

分散する情報資産をいかに守るかが重要となる

第1章

第2章

第3章

第4章

第5章

第6章

Appendix

　さまざまなサービスを組み合わせて働く環境を高度化するのはメリットもありますが、そこにはリスクも伴います。各サービスの提供者によりセキュリティへの取り組みや考え方が異なり、それが各サービスのセキュリティ強度に反映されるからです。そのため、従来は利用可能な環境やサービスに制限をかけ、ユーザに不便を強いることで、リスクの軽減を図ってきました。事業体の重要な情報を扱う以上、脆弱性のあるサービスを利用することはできないため、今後もサービス利用開始前のセキュリティチェックによるフィルタリングは必要となります。

　その一方、コミュニケーションを円滑にし、生産性を向上させるためには、便利なサービスをある程度自由に選択できるインフラの提供と自由度の高い環

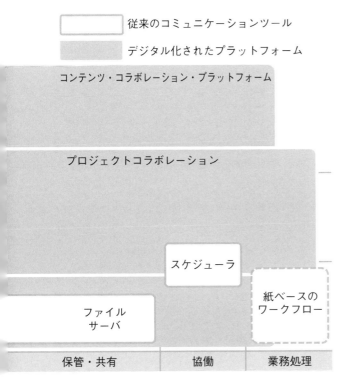

| 従来のコミュニケーションツール |
| デジタル化されたプラットフォーム |

コンテンツ・コラボレーション・プラットフォーム

プロジェクトコラボレーション

スケジューラ

紙ベースの
ワークフロー

ファイル
サーバ

| 保管・共有 | 協働 | 業務処理 |

境をどのように守っていくかが必要となります。また、利用するサービスが増えれば、事業体の重要な資産であるデータは、多くのサービスに分散して保管されることになります。これらの分散したデータやサービスなどの情報資産をどのように守っていくのかも考えていく必要があります。

　ゼロトラストの「何も信用せず、すべての通信を疑う」というコンセプトに厳密に従えば、各情報資産へのアクセスをトランザクションの単位で検査することになるため、理論的には利用サービスが増え、情報資産が分散したとしても制御可能ということになります。しかしながら、非常に多くの分散した情報資産をPoint to Pointで制御するのは複雑性が増し、コストの観点からも現実性に欠けます。本書では、このコンセプトをどのように実現可能なアーキテクチャに落とし、実装していくべきかについて紹介していきます。

1-2　企業間の共創による価値創造

　前節では、企業単体で柔軟な働き方を実現するために、さまざまなデジタルサービスを組み合わせて働く環境を高度化していく必要があり、結果として業務に利用する情報資産が分散することを見てきました。近年、社会課題解決への取り組みや、急激なビジネス環境の変化や予期せぬ異業種からの参入への対応を背景に、企業単体に閉じた活動だけでなく、社外のステークホルダーである事業体やコミュニティとの共創が求められています。

　共創を円滑に進めるためには、社内外のユーザが柔軟に情報をやり取りし、業務を行う必要があります。企業単体の業務と比較すると、ユーザの属性や働く環境が多様化します。各ユーザが所属する組織で管理する端末から、インターネット経由で、安全にコンテンツを共有し、コミュニケーションをとる必要があります。企業単体の働く環境と比べて統制をかけられるポイントも少なくなるため、いかにセキュリティを確保していくかが課題となります。

　まずは、近年の事業活動において共創が求められる背景について確認していきます。

社会課題解決のための企業間共創

　社会課題解決への取り組みは企業価値向上のために必要不可欠な要素となっています。2015年に国連総会で採択された「持続可能な開発目標（SDGs）」を受けてその重要性は増しています。SDGsでは個々の課題の重要性だけでなく、各課題の相互関連性を強調し、統合的な解決を目指すことに大きな特徴があります。

　1994年、John Elkington（ジョン・エルキントン）氏は持続可能な企業経営を、財務面からだけでなく、環境的要素、社会的公平性、経済的要素の3つの側面から評価する「トリプルボトムライン」を提唱しました。これら3つの要素は、相互依存関係にあり、持続可能な仕組みのためには各要素でバランスのとれた政策や事業展開が必要となります。

　産業革命以降、現代に至るまで、経済成長を重視した大量生産、大量消費、大量廃棄を前提とした一方通行の経済モデルを採用してきました。トリプルボトムラインで考察すると、経済的要素に偏重した経済モデルです。その結果、環境的要素や社会的公平性が損なわれ、社会課題が顕在化してきていると言えます。

　近年注目されているサーキュラーエコノミー（循環型経済モデル）では、これまでの生産、消費、廃棄といった一方通行の経済モデルから、廃棄のフェーズを排除し、資源が本来持っている価値をできる限り落とさずに、活用し続けるビジネスモデルを構築することを目指しています。日本ではサーキュラーエコノミーをCSR（企業の社会的責任）のための活動と捉える考え方が主流ですが、世界各国では環境負荷軽減の目的だけでなく、利益創出やコストカット、レジリエンス向上を同時に達成するためのビジネス戦略として捉えられています。

　サーキュラーエコノミーへの移行では、これまでの経済的要素で最適化された一方通行の経済モデルを抜本的に変えていかなくてはなりません。既存の企業や業界の枠組みの中での取り組みでは、十分な効果を得ることは難しく、行政、企業、研究機関、そして地域住民間での共創が必要となります。

企業の競争優位を継続するための企業間共創

　もう少しミクロな視点で企業戦略を見ても、企業間の共創は重要な位置づけとなっています。従来のビジネス環境では、業界の枠組みの中で変化に対応できれば、一度確立された競争優位は継続し、成長できるという常識のもと、組織や業務プロセスが最適化されていました。しかし、現在のビジネス環境では、急激な環境の変化や予期せぬ異業種からの参入により、既存の枠組みの中で優位性を維持できる期間は極めて短くなっています。

　急激な環境変化に対して、企業が競争優位をいかに維持するかについては、カルフォルニア大学バークレー校のDavid J. Teece（デイヴィット・J・ティース）氏が、「ダイナミック・ケイパビリティ」の必要性を説いています。この「ダイナミック・ケイパビリティ」については、経済産業省が発表した「2020年度版ものづくり白書注4」で取り上げられたことで、日本でも注目を集めています。

　ダイナミック・ケイパビリティは、次の3つの能力に分類できます。

- 感知（センシング）：脅威や危機を感知する能力
- 捕捉（シーシング）：機会を捉え、既存の資産・知識・技術を再構成して競争力を獲得する能力
- 変容（トランスフォーミング）：競争力を持続的なものにするために、組織全体を刷新し変容させる能力

　環境変化に対応しながら資産を再構成するため、競合他社から模倣されにくく、競争優位を保ちやすくなります。環境が安定しているときには、企業内にある多くの資源は、各企業に最適化された特殊な環境下で利用されており、それ自体で目立った利益を生み出しません。しかし、環境が変化すると、化学反応が起きるように大きなメリットを生み出す資産の組み合わせがあり、ダイナミック・ケイパビリティでは、これを「共特化の原理」と呼んでいます。

　この資源の組み合わせは企業内の資産だけでなく、他社の資産や技術との組み合わせの場合も成り立ちます。企業単独では保有する資源に限界があるため、ビジネス環境が急激に変化する現在こそ、変化を感知し、他社との共創を通じ

注4）　**URL** https://www.meti.go.jp/report/whitepaper/mono/2020/

て資産を再構成できる能力がより求められています。

共創を支える協業環境

　企業もしくは、行政、研究機関、コミュニティなど、異なるバックグラウンドを持つ組織が共創でメリットを出すためには、コミュニケーションや情報連携、協業で生じる摩擦をできる限り減らしていく必要があります。特に検討の初期段階では共創のメリットが見えにくく、異なる組織間での協業による摩擦で生じるコストが大きくなると、なかなか検討が進まないためです。

　EDI（Electronic Data Interchange）に代表されるような従来型の企業間連携では、各企業間で事前に連携のインタフェースを定義し、取引内容などの定型的なデータを連携してきました。このような連携は、企業間取引を円滑に進めるためには必要不可欠な連携です。これに対し共創による新たな価値創出や課題解決では、非定型業務を社内外のステークホルダーと円滑に進める仕組みが重要となります。

　非定型業務を行ううえで重要な要素は、コンテンツの共有、協業プロセスの共有、ステータスの可視化、状況に合わせたコミュニケーション、そして適切なセキュリティです。図1-4に示すように、社内外のメンバーがただコンテンツを共有・更新できるだけでなく、柔軟なプロセスでコンテンツのレビューや公開を行い、複数同時並行で実施されるタスクやステータスを管理していく仕組みが必要となります。また、自社内に閉じた活動よりも、ステークホルダーは多岐にわたり、時間や場所にとらわれない協業環境が必要です。

ユーザの広がりにいかに対応するかが重要となる

　図1-5に示すように、企業単体での働く環境では、多様なサービスの組み合わせにより分散した情報資産をどのように守るかがセキュリティ上の重要なポイントでした。社外との協業においても依然として分散する情報資産への対応は重要な観点となりますが、協業環境では、これに加えて利用環境の多様化を考慮する必要があります。

　社外との協業では、ユーザが属する各々の組織で管理する端末から、インター

○図1-4：組織間の共創を支える協業環境

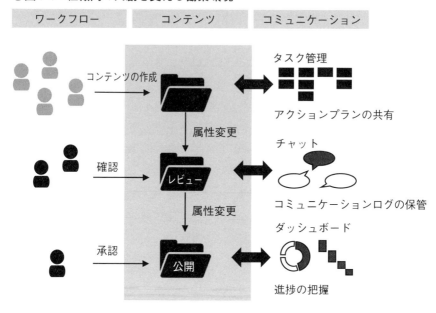

ネット経由で協業環境にアクセスし、コンテンツの共有やコミュニケーション
を行う必要があります。企業単体に閉じた働く環境に比べて、情報資産へのア
クセス経路で統制をかけられるポイントが減ります。ユーザの属性に応じたア
クセス権限や操作ログなどでより高度なセキュリティ対策をしていく必要があ
ります。

1-3　デジタル化により増大するセキュリティの脅威

　デジタル活用の推進と企業間連携の強化によってさらなる価値創造を追求す
るため、組織は多様化する働く環境や分散する情報資産にうまく適応していく
必要があることを前節までに述べてきました。本節では、内向きのデジタル化
によって生じる新たなセキュリティの脅威について解説します。また、脅威に
よって顕在化するセキュリティリスクについても言及します。

○図1-5：サービス形態や利用環境の広がり

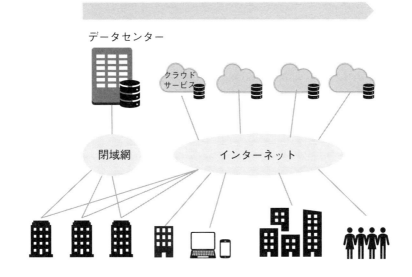

データセンター

クラウドサービス

閉域網

インターネット

単一企業の働く環境の広がり

グループ会社、海外拠点、
リモートワークなど場所の多様化

社外ユーザとの協業

協業相手、社外コミュニティなど
ユーザ属性や端末環境の多様化

　働く環境(アクセス元の端末／ユーザとアクセス経路のネットワーク)と情報資産(アクセス先のアプリケーション、データ)を合わせてワークプレイスと呼びます。デジタル化に対応したワークプレイスはデジタルワークプレイスと呼ばれ、場所や時間を問わずに従来のワークプレイスと同じような感覚で働けるようにして生産性と企業価値を高めることのできる空間を指します。デジタルワークプレイスへの移行によって働く環境が多様化し、情報資産が分散化すると、業務の統制が難しくなり、サイバー攻撃や内部犯行などのセキュリティ脅威との接点(攻撃表面：Attack Surface)も増加します。その結果、新たな、または従来のワークプレイスでは無視することのできたセキュリティリスクが顕在化します。

　サイバー攻撃の脅威としては、例えばVPN機器への不正アクセス、社外へ持ち出した端末のマルウェア感染、無線LAN通信の盗聴が挙げられます。外出先などで肩越しに端末の画面を覗き見されるショルダーハッキングなどの物理的

な脅威も考えられます。内部犯行の脅威としては、例えば社内ユーザへのテレ
ワークルールの周知不足、組織で許可されていない端末の利用などに起因する
故意または過失による情報漏えいが代表的です。

　組織はデジタルワークプレイスへの移行に伴って生じる社内外の脅威と、脅
威によるセキュリティリスクの変化を正しく捉え、単体で、またはサプライ
チェーンの企業間で連携して備えていく必要があると言えます。

ワークプレイスの移行でセキュリティリスクが顕在化する

　働く環境の多様化と情報資産の分散化によって、従来のワークプレイスでは
考慮する必要性のなかった新たなセキュリティの脅威が発生します。そして、
脅威に対して脆弱な組織や端末、ネットワーク、さらにはクラウドサービスな
どの状況が、デジタルワークプレイスへの移行によって顕在化するセキュリティ
リスクとして再定義されることになります。

◆働く環境の多様化によって顕在化するセキュリティリスク

　デジタルワークプレイスでは、決められた場所や時間に社内ネットワークに
接続して業務を行うのではなく、社内や自宅、外出先などの場所を問わず、い
つでも自組織のシステム（またはシステムによって提供されるサービス）に接続
できることが重要です。また、会社標準外の端末でも必要に応じて利用を許可
すべきケースや、サプライチェーンに関係する企業も自組織のシステムへイン
ターネット経由でアクセスできる環境を実現しなければならないケースもでて
きます。このように働く環境が多様化することで、管理すべきシステムまたは
サービスのアクセス元の端末やユーザ、アクセス経路のネットワークの種類や
数が増加し、利用状況や接続状況が見えなくなることで統制が難しくなり、脅
威に対して脆弱な状況が生まれます。これにより、セキュリティリスクが顕在
化します。

　アクセス元（＝端末やユーザ）に関わるリスクとしては、例えば、端末が社外
に持ち出されることで、移動中に紛失・盗難の被害に遭う危険性が高まります。
また、ソフトウェアのバージョンやセキュリティパッチ、ウィルス対策ソフト
のパターン定義ファイルが社内で一律に更新されなくなることで、マルウェア

感染や不正アクセスなどの脅威に侵害されやすい状態となります。屋外では、ショルダーハッキングや会話の立ち聞きがされやすくなります。さらに、このような外部脅威だけではなく、テレワークルールの周知・教育の不足に起因した機密情報の不注意による漏えいや、不正な持ち出しなどの内部脅威を誘発しやすい状況も生まれます。

　アクセス経路(＝ネットワーク)に関わるリスクとしては、例えば、社外から社内ネットワークへの安全なアクセスを実現するVPN機器の利用が増えることで、その脆弱性を狙った不正アクセスが起こりやすくなります。また、持ち出し端末での認証やリモートアクセス設定不備を狙ったなりすましログインも考えられます。屋外では、強度の弱い暗号化プロトコルやパスワードが設定された無線LAN通信が盗聴されやすくなります。

◆ 情報資産の分散化によって顕在化するセキュリティリスク

　デジタルワークプレイスでは、従来のようにデータを自社のデータセンターや社内のファイルサーバに保管するだけではなく、プライベートクラウド基盤上、またはオンラインストレージなどの外部クラウドサービス上に保管し、利活用することが重要となります。また、1-2節で述べたように、企業を超えてデータやアプリケーションを連携していく必要も出てきます。このように、情報資産が分散することで、管理すべきアクセス先のアプリケーションやデータの種類や数が増加し、アクセス先のアプリケーションやデータの利用状況が見えなくなることで統制が難しくなり、その結果、前項と同様にセキュリティリスクが顕在化します。

　アクセス先(＝データ、アプリケーション)に関わるリスクとしては、例えば、クラウド基盤上のデータやアプリケーションのアクセス権限設定不備により不正アクセスの危険にさらされやすくなることが挙げられます。気づかないうちにデータが外部から誰でもアクセスできる状態になっていて、情報が漏えいするケースもあります。また、企業間でデータを連携する際に、セキュリティレベルが低い企業が不正アクセスを受けて、データ連携元の企業の機密情報が窃取されるといった状況も招きやすくなります。

第1章

第2章

第3章

第4章

第5章

第6章

Appendix

サイバー攻撃に狙われるデジタルワークプレイス

　2019年下期以降、新型コロナウイルス感染症（COVID-19）の感染拡大を契機にテレワークが普及しました。一方で、前項で述べたセキュリティリスクの変化を十分に理解しないままテレワークへの移行に踏み切った企業が多かったことも関係し、セキュリティ脅威のうち特にサイバー攻撃による被害件数が短期間で大幅に増加しました（**図1-6**）。テレワークの普及やクラウドサービスIoT機器の利活用による攻撃対象の増加や、それらの対策不備が背景にあるとみられ、デジタルワークプレイスへの移行による働く環境と情報資産の分散化が大きく影響しているものと考えられます。

　ここで、サイバー攻撃とは、「主にインターネットを含むネットワークを通じ、正規の利用権限を持たない悪意ある外部の第三者が、標的のコンピュータシステムや電子機器等へ不正にアクセスして情報資産や金銭、または人命に被害を与える行為」の総称です。例えば、「サーバに不正アクセスして保管された個人情報や金銭を窃取する」「システムを改竄して機能不全や停止に陥らせる」などを指します。近年では個人情報だけでなく金銭を目的としたサイバー攻撃

○図1-6：国内で観測された不正アクセス件数の推移

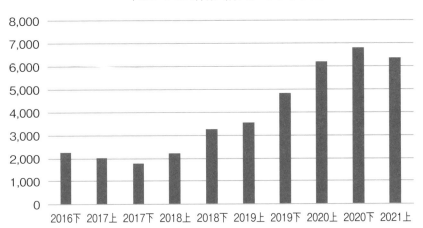

不正アクセス件数（件/日・IPアドレス）

出典元：警察庁「令和3年上半期におけるサイバー空間をめぐる脅威の情勢等について」

も増えており、特に政治的示威行為として政府機関などの重要インフラ事業者の基幹システムを狙ったものは「サイバーテロ」と呼ばれます。

　独立行政法人IPA(情報処理推進機構)から毎年発表される「情報セキュリティ10大脅威」によると、2021年は、組織を狙った脅威のうちテレワークなどのニューノーマルな環境を狙った攻撃、サプライチェーンの弱点を悪用した攻撃、クラウドサービスへの不正アクセスや不注意による情報漏えいなど、デジタルワークプレイスに関係する脅威が上位にランクインしています(図1-7)。さらに、テレワークによる端末の外部持ち出しやリモートアクセスの増加によって不正アクセスやマルウェア感染が増加し、そこから大規模なランサムウェア被害につながるようなケースも増加しています。

　このように、デジタル化の推進は消費者や事業者に恩恵をもたらしますが、一方で、サイバー攻撃の標的となってしまう可能性や、攻撃を受けた際の被害が深刻化する可能性も増大すると言えます。

デジタルワークプレイスで起きているセキュリティインシデントの事例

　このように、デジタルワークプレイスへの移行によってセキュリティの脅威が新たに発生し、セキュリティリスクは増大します。これまでにどのようなサイバー攻撃の脅威があったか、これから高まる脅威は何かについては、第2章に記述します。ここでは、デジタルワークプレイスで見られている代表的な事例を先に紹介します。

◆ 働く環境の多様化を狙った事例１：テレワーク端末のマルウェア感染

　テレワークでは社外へ持ち出した端末や私用端末を業務利用しますが、会社の統制から外れた端末の管理不備に起因する被害が増えています。

　2020年8月、三菱重工グループの社員が会社貸与端末で在宅勤務中にSNSを閲覧してマルウェアに感染し、その後端末を社内接続した際に拡散して従業員の個人情報が漏えいしたと発表されました。テレワーク端末ではウィルス対策ソフトのパターン定義ファイルや脆弱性パッチの更新が難しく、無視できていたリスクが顕在化する例と言えます。私用端末では私的データと業務データの

境界が曖昧になり、セキュリティ対策も不十分なことが多いため、被害に遭う
リスクはさらに高くなります。

◆ 働く環境の多様化を狙った事例2：VPN機器への不正アクセス

　テレワーク端末から社内ネットワークへ安全に接続する手段として利用され
ているVPN機器の脆弱性を狙う不正アクセスも増加しています。

　2020年8月、米Pulse Secure（パルスセキュア）社のVPN製品の脆弱性を悪

○図1-7：2021年の情報セキュリティ脅威トップ10

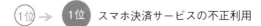

2020年　2021年　　個人を狙った脅威

1位 →	1位	スマホ決済サービスの不正利用
2位 →	2位	フィッシングによる個人情報等の詐取
7位 ↗	3位	ネット上の誹謗・中傷・デマ
5位 ↗	4位	メールやSMS等を使った脅迫・詐欺の手口による金銭要求
3位 ↘	5位	クレジットカード情報の不正利用
4位 ↘	6位	インターネットバンキングの不正利用
10位 ↗	7位	インターネット上のサービスからの個人情報窃取
9位 ↗	8位	偽警告によるインターネット詐欺
6位 ↘	9位	不正アプリによるスマートフォン利用者への被害
8位 ↘	10位	インターネット上のサービスへの不正ログイン

出典元：情報処理推進機構（IPA）「情報セキュリティ10大脅威
2021年度版」をもとに一部改変
URL https://www.ipa.go.jp/security/vuln/10threats2020.html

用した不正アクセスが発生し、日本企業46社を含む大量のIPアドレスとアカウントのリストが地下市場で出回る事態となりました。本来テレワーク環境を構築するうえでセキュリティ強化のために導入した機器やツールでも利用が急増することで攻撃者の標的とされやすくなり、脆弱性の管理に不備があると攻撃者に簡単に侵害されてしまうということで、類似の事例と共に新聞各紙でも話題となりました。

2020年　2021年　　組織を狙った脅威

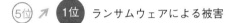

- (5位) ↗ 1位 ランサムウェアによる被害
- (1位) ↘ 2位 標的型攻撃による機密情報の窃取
- NEW 3位 テレワーク等ニューノーマルな働き方を狙った攻撃
- (4位) → 4位 サプライチェーンの弱点を悪用した攻撃
- (3位) ↘ 5位 ビジネスメール詐欺による金銭被害
- (2位) ↘ 6位 内部不正による情報漏えい
- (6位) ↘ 7位 予期せぬ IT基盤の障害に伴う業務停止
- (16位) ↗ 8位 インターネット／クラウドサービスへの不正ログイン
- (7位) ↘ 9位 不注意による情報漏えい等の被害
- (14位) ↗ 10位 脆弱性対策情報の公開に伴う悪用増加

◆ 情報資産の分散化を狙った事例1：クラウドサービスへの不正アクセス

　デジタル活用推進に伴って利用が急増するクラウドサービスが不正アクセスを受けて大量の情報漏えいにつながるケースもあります。

　2020年12月、楽天が利用するセールスフォース社のクラウド型営業管理システムが海外から不正アクセスを受け、148万件超の個人情報が流出した可能性があると公表されました。クラウド事業者による仕様変更で本来外部からアクセスできないはずのデータを知らないうちに第三者が閲覧できる設定となっていたことが原因で、世界中で多くの企業が同様の被害に遭っていることが分かりました。日本でも金融庁を始めとした政府機関から注意喚起が出るなど大きな注目を集めた事件となりました。

◆ 情報資産の分散化を狙った事例2：サプライチェーンの弱点を狙った攻撃

　デジタル化で企業間のデータ連携が増えていることから、サプライチェーンの弱点を突いた攻撃も急増しています。

　2020年11月20日、三菱電機の中国拠点のウィルス対策ソフト管理サーバが、当時非公開だった脆弱性（ゼロデイ脆弱性と呼ぶ）を突いた不正アクセスを受け、そこを起点に国内のサーバに侵入され、機密情報を窃取されたことが発表されました。近年、大企業ではサイバーセキュリティ対策が一定以上行われているため、対策が手薄な委託先や代理店など周辺企業が狙われるケースが増えています。そして、その企業を踏み台に委託元が侵害され、結果としてサプライチェーン全体が被害を受けることになります。

1-4　境界防御からゼロトラストセキュリティへ

　前節では、企業がデジタル化を推進していく過程で、働く環境の多様化や情報資産の分散が進むことで生じる新たな脅威に伴って、セキュリティリスクが顕在化することを確認しました。企業は、これらのリスク変化に対応できるように、セキュリティの対策も変えていく必要があります。本節では、従来型のセキュリティモデルである境界型防御モデルの限界と、デジタル化に対応した

ゼロトラストモデルについて、従来と比較した概念や、対策の具体化に向けた考え方の違いについて解説します。

　これまでのセキュリティでは、「脅威は組織と外部の境界の外にある」という考えのもと、いわゆる境界防御モデル（Perimeter Model）によって組織内の環境と外部のインターネットとの接点となる境界のセキュリティを強固に守る考え方が主流でした。そして境界防御では守ることのできないエンドポイントや公開アプリケーション、内部ネットワークなどについては、多層防御の考え方に則り補完的に守る方針を取ってきました。

　一方で、1-3節で解説したように、デジタル化によって外部からのサイバー攻撃や内部犯行の脅威にさらされる接点は増加します。そのため、このように多様化した働く環境や分散化した情報資産を内外の脅威から守るためには、「脅威は組織の内にも外にも存在し、境界の外で業務が完結することもある」という前提に立ち、組織のデジタルワークプレイスを構成するネットワーク、ID、データまたはアプリケーション、エンドポイントのいたるところで対策を施したうえで、業務上のすべてのアクセスについて都度安全性を確保する必要があります。このように、セキュリティ対策についての概念自体を変えていくパラダイムシフトが各企業に求められます（図1-8）。

○図1-8：デジタル化によるセキュリティ対策の概念の変化

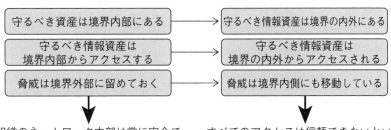

境界防御モデル

「Trust but verify.（信ぜよ、されど確認せよ）」

| 守るべき資産は境界内部にある | → | 守るべき情報資産は境界の内外にある |

| 守るべき情報資産は境界内部からアクセスする | → | 守るべき情報資産は境界の内外からアクセスされる |

| 脅威は境界外部に留めておく | → | 脅威は境界内側にも移動している |

組織のネットワーク内部は常に安全であるという前提のものと、ネットワーク境界を重点的に守る考え方

ゼロトラストモデル

「Verify and Never Trust.（決して信頼せず、必ず確認せよ）」

すべてのアクセスは信頼できないという前提のもと、常にアクセスの妥当性を確認して管理する考え方

第1章

第2章

第3章

第4章

第5章

第6章

Appendix

データセンターをハブとした従来型アーキテクチャの限界

　従来のワークプレイスでは、アクセス先にあたる「守るべき情報資産」は境界内部にあり、アクセス元やアクセス経路にあたる「働く環境」も境界内部に限られていました。そのため、「脅威は境界の外にあり、境界内は安全が確保されている」という前提のもと、外部のサイバー攻撃の脅威と内部環境との境界を重点的に守る境界防御という概念に基づく設計思想に則ったセキュリティ対策モデルが採用されてきました。この境界防御モデルでは、外部インターネットとのネットワーク境界に設置したファイアウォールなどのネットワーク機器が対策の中心となります。標的型攻撃に代表されるメール受信後のマルウェア感染を起点とした内部ネットワークの侵害や、内部関係者による不正アクセスや情報持ち出しなど、境界を越えて、あるいは境界内で発生する脅威は、境界防御の例外としてPC端末やサーバなどのエンドポイントでのマルウェア対策や脆弱性対策の強化、操作ログの監視、認証基盤の堅牢化などの形で補完的に対応されてきました。これらによって、企業全体では多層防御（Defense in Depth）が

◯図1-9・デジタル化に伴って問題となるIT基盤の制約

実現されてきました。

　しかしながら、デジタルワークプレイスでは、アクセス先の情報資産は境界内のデータセンターや執務環境だけでなく、外部クラウドサービス上にも存在し、アクセス元の端末は種類が増えて自宅や外出先などさまざまな場所で利用されます。アクセス経路についても、自宅や外出先のWi-Fiなどさまざまなネットワークに接続され、コミュニケーション手段も多様化します。これらによって、従来のワークプレイスでは積極的に考慮されてこなかったセキュリティリスクが顕在化します。

　また、クラウドサービスの活用や業務データの肥大化に伴ってトラフィックも増大・変動しますが、境界防御モデルで採用されるデータセンターをハブとしたアーキテクチャや運用体制では、効率的に拡張して対応できません。そのため、ネットワークキャパシティや運用などの面でITリソースが不足して限界を迎え、新しいビジネスの立ち上げやサービスリリースが遅延する、働き方に制約が出るといったビジネスリスクも顕在化します。

第1章
第2章
第3章
第4章
第5章
第6章
Appendix

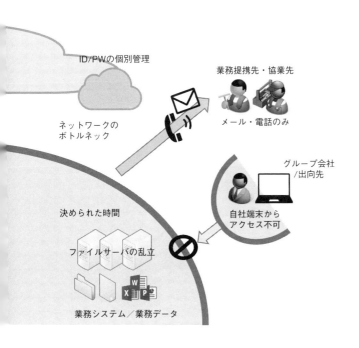

ID/PWの個別管理

業務提携先・協業先

メール・電話のみ

ネットワークの
ボトルネック

グループ会社
/出向先

自社端末から
アクセス不可

決められた時間

ファイルサーバの乱立

業務システム／業務データ

デジタルワークプレイスはゼロトラストセキュリティで守る

　デジタル化の推進によってワークプレイスが変化すると、「境界内部のネットワークは常に安全であり、情報資産は境界内部にあり、従業員は安全性の確保された境界の内側で業務を行う」という前提が崩れます。このような変化を従来の境界防御モデルのセキュリティで受け止めようとすると、前項で解説したようにITアーキテクチャやビジネスの面でさまざまな制約を強いられ、デジタル化によるビジネスの推進力にブレーキをかけることになります。そのため、セキュリティリスクだけでなく、ITリソース不足、クラウドサービス障害などのシステムリスク、さらには新ビジネスの立ち上げやサービスのリリースの遅延、働き方改革の阻害などのビジネスリスクにも対応できるような新しいセキュリティ対策モデルが必要となってきます。

　多様化する働く環境や分散化する情報資産に適合するセキュリティ対策モデ

○図1-10：境界防御モデルとゼロトラストモデルの比較

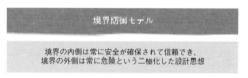

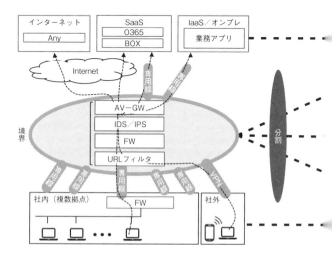

ルとして新たに注目されているのが、ゼロトラストモデルです。ゼロトラスト
モデルは、境界防御モデルと対照的に、「境界の内も外も関係なく、すべてのア
クセスは信頼できない」という前提のもと、アクセスの都度アクセス元、アクセ
ス経路、アクセス先のすべてを確認して安全性を確認するというゼロトラスト
セキュリティの概念に基づいた設計思想です。従来の境界型防御のようにデー
タセンター内のインターネットゲートウェイを中心に対策をするのではなく、
業務上の1つひとつの通信に着眼し、アクセス元からアクセス先までエンドツー
エンドでセキュリティを確保するのが特徴です。従来の境界防御でのセキュリ
ティ機能をアクセス元、アクセス経路、アクセス先のそれぞれに分割して対策
したうえ、相互に情報を共有しながら、アクセス要求が発生する都度その安全
性をチェックして接続を許可します。これによって、境界という概念にとらわ
れることなく、1つひとつのアクセスの安全性を積み上げていくことで、企業
全体としての多層防御を実現することができるようになります。

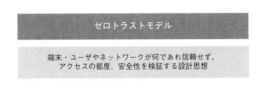

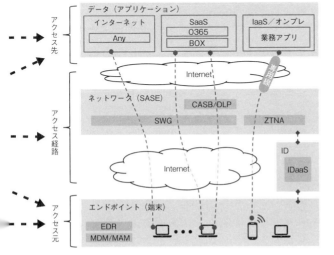

ゼロトラストモデルは経営資源を最適化する

　デジタルワークプレイスへの移行で増大するセキュリティ脅威に対し、アクセス元の端末やユーザ、アクセス経路のネットワーク、アクセス先のアプリケーションやデータのそれぞれで個別にセキュリティ対策を徹底しようとすると、対策にかかるコストや運用負荷が膨れ上がり、デジタル化で享受できるメリットを上回ってしまいかねません。デジタルワークプレイスへの移行によって発生するITリソース面のデメリットには、ネットワークトラフィックの増大、運用・管理負荷の増大、在宅ワーク増加による既存拠点の空洞化などが挙げられます。ゼロトラストモデルは、安全を確保しつつこれらの問題を解消する打ち手としても有効です。

◆ネットワークトラフィックの増大

　まず、インターネットアクセスが増加することでネットワークトラフィックが増大する問題があります。例えば、クラウドサービス利用やリモートアクセスの増加によって企業のインターネット回線が逼迫し、輻輳が発生することで業務の滞留や新サービスのリリースの遅延につながります。この問題への対応としては、例えば、持ち出し端末からクラウド基盤上の業務システムまでのネットワーク経路をSASE（Secure Access Service Edge）製品で構成することが挙げられます。これによって、既存のインターネット回線を消費することなく安全な接続を確保することができます。

◆運用負荷の増大

　また、管理対象が増加することで運用負荷が増大する問題もあります。例えば、アンチウィルス監視運用が社内端末と持ち出し端末で2系統存在すると、運用コスト二重発生やインシデント対応の遅れにつながります。この問題への対応としては、例えば、セキュリティリスクが顕在化する箇所を事前に把握し、管理ポイントを可能な限り集約したセキュリティ運用の設計を行います。さらに、ログの統合分析やオペレーションの自動化、外部マネージドサービスの利用も有効です。これによって、セキュリティ運用コストの削減とインシデント対応の迅速化を図ることができます。

◆ 拠点の空洞化

　さらに、在宅ワーク増加によって拠点が空洞化する問題もあります。例えば、テレワークの推進によって働き方が改革されて業務効率が上がる一方で、オフィスを利用する社員やデータセンターの設置機器が減少し、設備投資の無駄が発生します。この問題への対応としては、テレワークの促進やゼロトラストモデルへの移行と並行して事務拠点やデータセンターの統廃合計画を進めることが有効です。これによって、施設・設備の回転効率を向上させ、セキュリティ強化や業務効率化ツールの導入、新たなビジネスなどへの投資を可能にすることができます。

　デジタルトランスフォーメーションにおいては、ITサービスや業務のデジタル化に対応できるように組織やIT環境を改革するだけでなく、その過程ですべての経営資源を計画的に再配分することが重要となります。そのためには、デジタルワークプレイスへの移行によるメリットを最大限に生かせるようなロードマップを、ビジネスとIT、さらにセキュリティの面から策定し、達成度を都度チェックして、投資効果を刈り取っていくことが重要です。ゼロトラストモデルは、このようなロードマップのフィージビリティを高めるために必須のアーキテクチャであるとも言えます。

企業システムの全体像と
ゼロトラストの関係

　企業システムには、主に顧客向けのサービスをつかさどるSoE（System of Engagement）、社内の記録のためのシステムであるSoR（System of Record）、SoEやSoRで発生したデータを統合し分析、観測するためのSoI（System of Insight）があります。そして、これらの周辺の共通基盤として、運用基盤、セキュリティ基盤、コミュニケーション基盤があります（**図1-A**）。

　SoEは顧客接点としてデジタルサービスを提供します。市場からのフィードバックに基づき、SoEに対して継続的なシステム改修や機能追加をすることで、粘着力のあるサービスを提供していきます。市場からのフィードバックは顧客のサービスの利用ログやWeb上の行動ログなどのデータで収集されます。サービス利用時のデータの収集からサービスの改修までのループをできる限り高速化するために、データ観測を担うSoIも重要となります。一方で、SoRは企業内の業務を実行するための基幹システムであり、経理、人事、受発注管理、在庫管理など企業活動に欠かせないシステムです。またコミュニケーション基盤は従業者間の非定型業務を円滑に行うために必要な基盤となります。

　ゼロトラストの「何も信用せず、すべての通信を疑う」という考え方を狭義に捉えると、インターネットを境界とした社内ネットワークを妄信的に安全であると捉えることをやめ、どのネットワークであっても同じく危険にさらされていることを前提にセキュリティを考えるということになります。つまりSoE、SoI、SoR、コミュニケーション基盤どれも等しくゼロトラストのセキュリティを適用すればよいということになります。

　1-1節で従業者向けのシステムをゼロトラストのメインターゲットとすべきだと述べました。それは社内ネットワークの外と内といったネットワークの境界の観点だけを意図したものではありません。顧客向けのSoEとそのほかのシステムでは、取り扱うデータ、ユーザの属性、端末環境の観点で大きな違いがあります。

　SoEは顧客自身がユーザであり、SoIやSoRは従業員またはパートナー社員

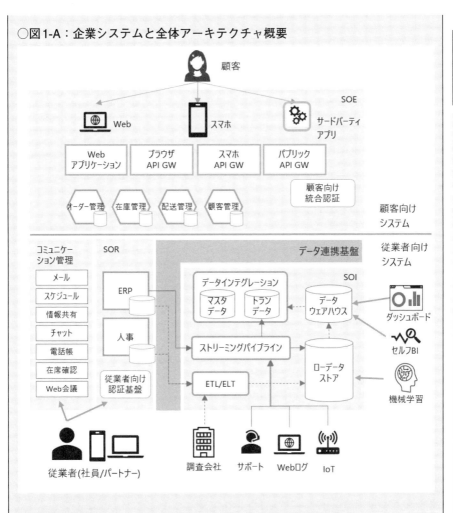

○図1-A：企業システムと全体アーキテクチャ概要

といった従業者がユーザとなります。取り扱うデータを考えると、SoEはユーザ自身のデータにアクセスできることが重要となります。それに対し、従業者向けのシステムでは、顧客情報や取引先情報、従業者情報、サービス開発情報、システム管理情報などのデータを横断的に扱うため、職務や役職に応じて必要最低限のデータにのみアクセスできるように管理することが重要となります。

　従業者がシステムを利用するためには、システムを利用するための登録手続きが必要となります。本人確認を行い所属する会社、部門、役職、ロールなど

の属性情報を確認し、IDシステムに登録したうえで利用可能となります。一方でSoEのシステムはそのサービスの性質に依存します。自己申請でIDを登録するサービスもあれば、本人確認を対面で実施したうえでIDが発行されるサービスもあります。IDの持つ属性情報の確からしさにばらつきが出てくるのです。

　また、システムにアクセスするための端末についても違いがあります。業務で利用する端末にはセキュリティポリシーの適用などの統制がかけやすく、大勢のユーザを対象としたサービスではユーザが各自で端末を管理するため、端末の種類や管理状況にばらつきが出てくるといった違いがでてきます。

　社内ネットワークの外か内かの境界による信頼度だけではなく、どのような属性の人が、いつ、どのような環境から、どのようなデータにアクセスするのかにより信頼度を動的に計測し、制御していくのがゼロトラストであり、多くの変数をもとに信頼度を計測でき、そしてアクセス制御をかけて取り扱うデータを守る必要があるのが従業者向けシステムなのです。

○表1-A：顧客向けシステムと従業者向けシステムの違い

項目	顧客向けシステム	従業者向けシステム
システム領域	SoE	SoI、SoR、コミュニケーション管理
取り扱うデータ	ユーザ自身のデータへのアクセス	横断的なデータへのアクセス（職務や役職によりアクセスできる範囲を厳密に管理）
ユーザ属性	提供サービスにより、自己申請で登録するものや、対面での本人確認をするものなどばらつきが大きい	本人や所属の確認を厳密に行う
端末	ユーザにより、端末の種類や管理レベルが大きく異なる	業務用端末のセキュリティポリシーを管理

第2章

ゼロトラストの生い立ちと背景にある脅威を紐解く

これまでの脅威の変遷からこれから高まる脅威

　ゼロトラストという概念はどのようにして生まれ、それを実現するためのアーキテクチャはどのように育っていったのでしょうか。その背景には、どのような脅威の変遷があったのでしょうか。さらにゼロトラストによってあらゆるセキュリティの脅威に対抗できるのでしょうか。この章では、それらの問いにお答えしていきます。

2-1　ゼロトラストの生い立ち

ゼロトラストの胎動

　NIST SP 800-207によると、ゼロトラストの概念は、「ゼロトラスト」という言葉が生まれる以前から存在していました。

　米国の国防総省(DoD)と国防情報システム庁(DISA)は2007年に「Global Information Grid Architectural Vision(Vision for a Net-Centric, Service-Oriented DoD Enterprise)[注1]」を発表し、境界型セキュリティではなく個々のトランザクションのセキュリティに焦点を当てたセキュリティモデル「Black Core (B-Core)」を提唱しています。

　さらに2004年に創設されたJericho Forumは、2007年に境界線を除去したセキュリティモデルを計画するための範囲と原理原則を定義した「Jericho Forum Commandments[注2]」を発行しました。

Forrester社による「ゼロトラスト」の提唱

　「ゼロトラスト」という言葉が、世の中に認知されたのは、2010年のことでした。米国の主要テクノロジー・リサーチ会社、Forrester Research社(以降、Forrester社)のJohn Kindervag(ジョン・キンダーバーグ)氏が、「ゼロトラスト」という言葉と従来の境界型セキュリティからの転換を提唱[注3]しました。

　従来の境界型セキュリティでは「trust but verify(信頼するが確認もする)」[注4]と言われていました。しかし、実際には「trust by default and never verify(最初から信頼し決して確認しない)」だと、Kindervag氏は指摘しています。例えば、ログをとっても検証されず、ユーザやエンティティに権限を与えたら必要性を

注1)　**URL** https://www.acqnotes.com/Attachments/DoD%20GIG%20Architectural%20Vision,%20 June%202007.pdf

注2)　**URL** https://collaboration.opengroup.org/jericho/commandments_v1.2.pdf

注3)　**URL** https://media.paloaltonetworks.com/documents/Forrester-No-More-Chewy-Centers.pdf

注4)　Never Trust, Always Verifyと表現されている場合もありますが同義とみなしています。

再検証されることが、ほとんどないということです。そして、「ゼロトラスト」を象徴する「verify and never trust（確認し、決して信頼しない）」への考え方の転換が必要だと主張しました。

Googleによるゼロトラスト大規模実装例

2014年には、Google社が自社のネットワークをすべてインターネットに移行したことを「BeyondCorp」[注5]と名付け発表しました。当時、ほとんどの企業ではファイアウォールを使用した境界線によりセキュリティを確保していました。しかし、このセキュリティモデルには問題があるとGoogle社は指摘しました。

境界線さえ乗り越えてしまえば、攻撃者は組織の特権的なイントラネットに容易にアクセスできるからです。企業がモバイルやクラウドを採用するにつれ、境界線確保はますます困難になりました。特権的なネットワークがイントラネットだけでなくインターネットにも広がってきています。

その傾向は現在でも続いており引き返すことはないでしょう。そこで、Google社はゼロトラストの考え方を取り入れることによって、イントラネットをすべてインターネットに置換えるBeyondCorpを成し遂げました。この事例がゼロトラストへの注目を一気に高めました。

Forrester社によるゼロトラストの具体化

「ゼロトラスト」という言葉が知られるようになって以来、各セキュリティベンダーは自社のソリューションがゼロトラストを実現することをそれぞれの立場で喧伝していました。ベンダーの顧客はこのような状態により、何がゼロトラストであり、どのソリューションが本当にゼロトラストを実現するのか、理解することが難しくなっていました。

そこで、2018年11月、Forrester社のChase Cunningham（チェイス・カニンガム）氏は「Zero Trust eXtended Ecosystem Framework（ZTXフレームワーク）」[注6]を提唱しました。ここで「ゼロトラスト」は具体的なフレームワークへと

注5)　🔗 https://research.google.com/pubs/pub43231.html?hl=ja
注6)　🔗 https://www.forrester.com/report/the-forrester-wave-zero-trust-extended-ztx-ecosystem-
providers-q4-2018/RES141666?objectid=RES141666

拡張されました。ZTXフレームワークは次の4つのカテゴリから構成されています。

- データそのもののセキュリティ
- データへのアクセスに関わる人、デバイス、ワークロード、ネットワークのセキュリティ
- セキュリティの可視化と分析
- セキュリティ運用業務の自動化と複数のセキュリティ運用業務間での連携

このフレームワークは、ベンダーのソリューションがいかにゼロトラストを実現するのかを評価できる軸となり、Forrester社はベンダーのソリューションを定期的に評価するようになりました。

Gartner社によるゼロトラストの解釈

同年12月、Forrester社と並び立つ米国のテクノロジー・リサーチ会社のGartner社が、ゼロトラストはCARTA（カルタ）を実現するロードマップの一歩と位置付けました[注7]。

CARTAとは、2017年にGartner社が提唱[注8]した「状況に応じてトランザクションのリスクとトラストを評価し続ける」というデジタルビジネスにおけるセキュリティの戦略的アプローチです。Gartner社は、「トラストに応じてリスクを適切に評価し適応できる組織がデジタルビジネスやデジタルサービスで成功できる」と主張しました。

NISTによるZTAのグローバル標準化

2020年、米国国立標準技術研究所（NIST）が、民間企業のセキュリティアーキテクト向けにゼロトラストを説明するために、「NIST SP 800-207：Zero

注7)　URL https://www.gartner.com/doc/3895267
注8)　URL https://www.gartner.com/en/documents/3723818/use-a-carta-strategic-approach-to-embrace-digital-busine

Trust Architecture（ZTA）注9」を発行しました。

　この文書により、ゼロトラストは、モデルやフレームワークから、ゼロトラストアーキテクチャの定義だけでなく、ゼロトラストが企業の全体的な情報セキュリティ態勢を改善する可能性のある一般的な展開モデルとユースケースを示しています。詳しくは第3章にて説明します。

CIS ControlsのZTA対応

　2021年、Center for Internet Security（CIS）がCIS Controlsを更新しV8注10を発行しました。CISとは、米国国家安全保障局（NSA）、国防情報システム局（DISA）、NISTなどの政府機関と、企業、学術機関などが協力して、インターネット・セキュリティ標準化に取り組む米国の非営利団体です。

　CIS Controlsとは、現在発生しているサイバー攻撃や近い将来に発生が予測される攻撃の傾向を踏まえ、多岐にわたる対策の中から、組織が実施すべき対策と、その優先順位を導くためのアプローチを提示したフレームワークです。そのような性質から、CIS Controlsは技術的なセキュリティアーキテクチャのベースラインとして、世界各国でよく参照されています。

　CISの最高技術責任者であるKathleen Moriarty氏は、CIS Controls V8の各セキュリティコントロールをNIST SP800-207が定義するゼロトラストの基本的な7つの考え方にマッピングし、CIS Controls V8を段階的なゼロトラストアーキテクチャへの移行に対する優先順位付けのためのナビゲーターとして推奨しました注11。

米国連邦政府におけるZTA移行命令

　CIS Controls V8が発行された同月、米国のバイデン大統領がExecutive Order on Improving the Nation's Cybersecurity注12 という大統領令に署名注13 をしまし

注9)　🔗 https://csrc.nist.gov/publications/detail/sp/800-207/final
注10)　🔗 https://www.cisecurity.org/controls/v8/
注11)　🔗 https://www.cisecurity.org/blog/prioritizing-a-zero-trust-journey-using-cis-controls-v8/
注12)　🔗 https://www.whitehouse.gov/briefing-room/presidential-actions/2021/05/12/executive-order-on-improving-the-nations-cybersecurity/
注13)　🔗 https://www.whitehouse.gov/briefing-room/speeches-remarks/2021/05/13/remarks-by-president-biden-on-the-colonial-pipeline-incident/

た。仔細はコラムに譲りますが、その大統領令の中には、米国連邦政府のサイバーセキュリティをゼロトラストアーキテクチャへの移行によってモダナイズすることが明確に謳われました。サイバー攻撃の脅威の高まりは米国に限ったことではありません。米国のこの方向性に倣い、各国政府が、サイバーセキュリティの方針として、ゼロトラストアーキテクチャへの移行に舵を切っていくことが予想されます。

○図2-1：ゼロトラストの生い立ちと脅威事例の歴史

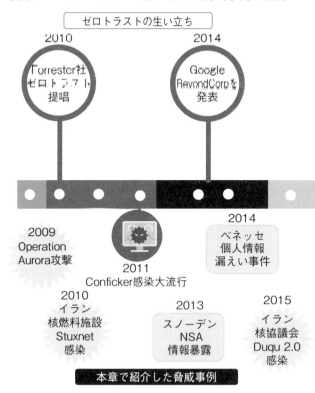

2-2　これまでの脅威の変遷

第1章

第2章

第3章

第4章

第5章

第6章

Appendix

　前節ではゼロトラストの生い立ちについてお伝えしてきました。では、その背景にはどのような脅威があったのでしょうか。この節では従来からの脅威の変遷、次節ではこれからより高まっていくであろう脅威を**図2-1**の脅威事例を紐解きながらお伝えしていきます。

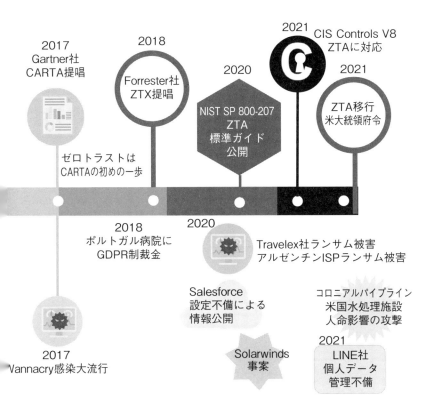

インターネットからイントラネットへ侵入する脅威

　境界型セキュリティでは、ファイアウォールによってインターネットとイントラネットを分離します。ファイアウォールという境界線では、外部からのトランザクションを送信元IPアドレスやプロトコルで選別します。ファイアウォールを通過することを許された外部からのトランザクションは、内部のトランザクションと同じ扱いとなり、暗黙的な信頼が与えられます。

　ところが、Forrester社によって「ゼロトラスト」が提唱される2010年以前から、イントラネットは分離されているはずのインターネットから攻撃を受けることが珍しくありませんでした。例えば、情報処理推進機構（IPA）が発行する「2010年版 10大脅威 あぶりだされる組織の弱点！注14」では、Webサイトの運営委託先からWebサイトのユーザIDやパスワードが盗まれ、Webサイトが改ざんされ、従業員の端末へマルウェアが広がったり、製造ラインが止まってしまったり、企業のビジネス活動に大きな悪影響が出た事例が紹介されています。

　また、その頃、大多数のインターネット利用者のPCで動作するInternet ExplorerやAdobe Flashなどのクライアントアプリケーションの脆弱性が悪用され、イントラネットに侵入されることがよくありました。

　例えば、2009年12月から翌年1月にかけて行われたInternet Explorerのゼロデイ脆弱性を悪用したOperation Auroraという攻撃が有名です。最初に被害を公表したのは、Google社でした。他に30以上の企業が被害を受けました。注15この攻撃がきっかけとなり、Google社はセキュリティアーキテクチャを考え直し始め、BeyondCorp注16を実装するに至りました。

　今でこそInternet ExplorerやAdobe Flashなどの脆弱なクライアントアプリケーションが使われなくなってきていますが、このような時代背景から、もはや境界型セキュリティでは耐えきれず、2010年に提唱されたゼロトラストという考え方に移行する必要性が生じていました。

注14) **URL** https://www.ipa.go.jp/security/vuln/10threats2010.html
注15) **URL** https://www.rbbtoday.com/article/2010/06/18/68525.html
注16) **URL** https://www.beyondcorp.com/

スタンドアロンネットワークへ侵入する脅威

　では、インターネットに接続されていないシステムであれば安全なのでしょうか。2010年のこと、イランの核燃料施設のウラン濃縮用遠心分離機を標的として、Stuxnet注17というマルウェアを用いたサイバー攻撃が行われました。世界初の制御システムを標的とするサイバー攻撃と言われています。その施設のネットワークは、スタンドアロンネットワークでした。つまり、インターネットなど他のネットワークと接続されていませんでした。StuxnetはUSBフラッシュドライブを媒介に施設のネットワークに侵入したと言われています。この一件以降、インターネットに接続されていなくても、サイバー攻撃を受けうるという認識が世界中に広まりました。

イントラネットに大規模に広がる脅威

　脅威が境界を越えてイントラネットに侵入すると、イントラネットは十分に保護されていないことが少なくありません。ここでは脅威に侵入され、イントラネットに脅威が大規模に広がってしまった事例を紹介します。

　2008年にWindowsを標的とするコンピュータ・ワーム（自律的に感染を拡大させるマルウェア）が初めて発見されました。そのワーム（ネットワーク内で自己増殖するマルウェア）はConficker注18と呼ばれています。Confickerはまず弱いパスワードのPCに侵入します。そして、ネットワーク上の他の人のパスワードを盗みながら増殖をしていきました。Confickerに感染すると他のマルウェアをダウンロードしたり、ボットネットを構築したり、スパムメールを送信したり、アカウント情報の収集をしたり、アンダーグラウンドでの活動を行います。また、さまざまなセキュリティ機能を無効にするため、さらなる被害に遭う可能性が増します。Confickerは2011年第4四半期に大流行し、170万のシステムで検出されました。

　2017年には、WannaCryというマルウェアが世界的に大流行しました。一度、イントラネット上のデバイスがWannaCryに感染すると、WannaCryは既知の

注17）🔗 https://www.ipa.go.jp/security/controlsystem/incident.html
注18）🔗 https://msrc-blog.microsoft.com/2012/05/11/conficker/

○図2-2：イントラネットにマルウェアが大規模に感染するイメージ

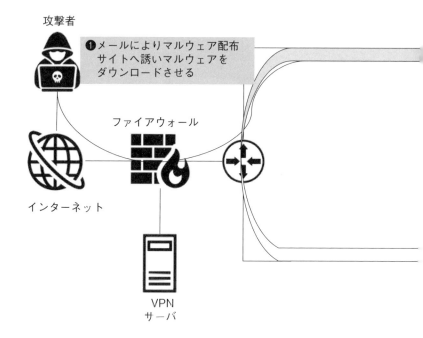

Windowsの脆弱性を悪用し、イントラネットの他のデバイスにも自律的に感染を広げていきます。従来のパターンマッチング方式のウィルス対策ソフトではWannaCry本体や横感染の挙動を検知することができず、わずか数日で150カ国以上に渡る約30万台ものPCが感染しました^{注19}。

　これら世界的なセキュリティインシデントからの教訓は、脆弱性管理の重要性はもちろんのこと、横感染の最小化、ファイルレス・マルウェアへの対応という課題でした。これらを解決するのが、マイクロセグメンテーションやエンドポイントセキュリティです。詳細はそれぞれ3-2節、4-4節にて説明します。

注19）🔗 https://www.cbsnews.com/news/cyberattack-wannacry-ransomware-north-korea-hackers-lazarus-group/

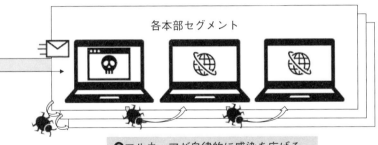

❷マルウェアが自律的に感染を広げる

L3スイッチ

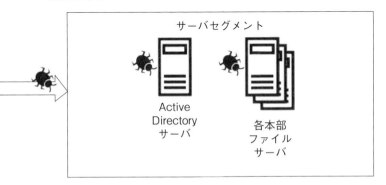

コロナ禍のテレワークの広がりで猛威を振るう脅威

2020年、新型コロナウイルス感染症（COVID-19）の世界的な蔓延により、企業の従業員は互いに感染し合うことを避けるため、自宅でのテレワークをするようになりました。各企業は、従業員が自宅からでもイントラネットに接続できるよう、にわかにVPNを導入したり増強したりしました。

◆狙われるVPN

そこをビジネスチャンスとして狙ったのが、サイバー攻撃集団でした。テレワークの脆弱な端末や、脆弱性を残したVPN装置の増加が、イントラネットへの侵入を容易にしました。

例えば、JPCERT/CCの「複数のSSL VPN製品の脆弱性に関する注意喚起

○図2-3：コロナ禍で急増したランサムウェア攻撃のイメージ

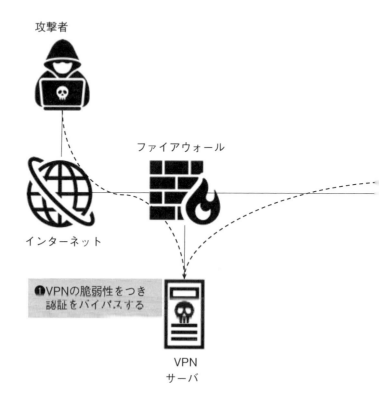

（最終更新2019年9月）注20」では、これらの脆弱性を悪用された場合に、攻撃者がリモートから任意のコードを実行できる可能性（CVE-2019-1579）や、任意のファイルを読み取り、認証情報などの機微な情報を取得する可能性（CVE-2018-13379、CVE-2019-11510）があると注意喚起されています。これらの脆弱性のうち、CVE-2019-1150が悪用された事例を紹介します。

　Threatpostの記者Tara Seals氏の記事注21によると、2020年1月、外貨両替事業者であるTravelex社は、ランサムウェア攻撃を受けました。セキュリティ研究者たちは、Pulse Secure VPNサーバの既知の脆弱性CVE-2019-11510に対

注20) URL https://www.jpcert.or.jp/at/2019/at190033.html
注21) URL https://threatpost.com/sodinokibi-ransomware-travelex-fiasco/151600/

第 1 章

第 2 章

第 3 章

第 4 章

第 5 章

第 6 章

Appendix

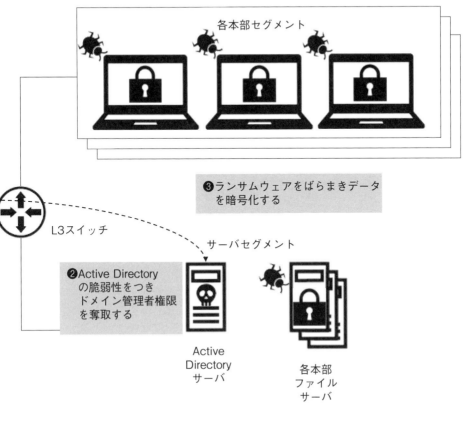

するパッチを適用できていなかったため、攻撃者がその脆弱性を悪用し、侵入に成功したのではないかと推察しています。この脆弱性によってラインサムウェア攻撃の被害者になったのはTravelex社だけではありませんでした。サイバー脅威インテリジェンス提供社であるKELA社の調査[注22]によると、Pulse Secure VPN製品の資格情報リストが流出しており、そのリストに資格情報が含まれる5社がランサムウェア攻撃の被害者になりました。

　一般に従業員の自宅からアクセスするVPNはアクセス元を制限することができません。そのため、インターネットに常にさらされVPNサーバの脆弱性をつ

注22) **URL** https://ke-la.com/ja/easy-way-in-5-ransomware-victims-had-their-pulse-secure-vpn-credentials-leaked/

いて侵入される可能性が常にあります。その問題に対するソリューションの1つとしてゼロトラストネットワークアクセス（ZTNA）が登場しました。ZTNAによって、従業員が自宅からイントラネットにアクセスする場合、イントラネットは先に認証されたユーザからのみZTNAを介してアクセスを受けるようになります。イントラネットへの入口がインターネットにさらされなくなり、不特定多数からアクセスできる状態ではなくなります。ZTNAについて詳細は4-3節で説明します。

◆ 悪用されるオンプレ認証認可システムの脆弱性

侵入すると、彼らは認証認可のコントローラーであるActive Directoryの脆弱性を悪用し、ドメイン管理者アカウントを乗っ取ったり、ドメイン管理者権限を奪取したりして、組織ドメインを掌握することがあります。

Active Directoryの脆弱性を悪用した攻撃は近年に限ったことではありません。例えば、JPCERT/CCは2014年11月に「Kerberos KDCの脆弱性に関する注意喚起[注23]」で次のよう注意を促しています。

マイクロソフト社からKerberos KDCに関する緊急のセキュリティ情報が公開されました。攻撃者は本脆弱性を使用することにより、管理者権限のないドメインユーザアカウントの権限を、ドメイン管理者アカウントの権限に昇格させる可能性があります。

この脆弱性は、2015年に発見されたDuqu 2.0というマルウェアによって利用されました[注24]。P5プラス1（国連安保理常任理事国＋ドイツ）によるイラン核協議において、世界の首脳クラスが集まる重要会議およびその開催地がDuqu 2.0を用いた攻撃の標的になりました。

近年のActive Directoryを悪用した事例として、JPCERT/CCは、次を挙げています[注25]。

注23) URL https://www.jpcert.or.jp/at/2014/at140048.html
注24) URL https://www.security-next.com/059325
注25) URL https://digitalforensic.jp/wp-content/uploads/2021/02/a930b3e0fadd66c4697717bf767b049c.pdf

❶ 2020年5月にFireEye社が公開したActive Directoryのドメイン管理者アカウントを作成しランサムウェアMazeを配布する攻撃者のTTPs（戦略／技術／手順）

❷ 2020年7月に発生したActive Directoryのドメイン管理者権限を奪取しランサムウェアが配布されたアルゼンチンのインターネットサービスプロバイダの被害

❸ 2020年10月に米CISAが公開したVPN製品の脆弱性とActive Directoryの脆弱性（Netlogon）を併用した複数の攻撃

攻撃者はドメインを掌握すると、ランサムウェア攻撃を開始し、企業のデータを暗号化して、身代金を要求します。

では、Active Directoryにセキュリティパッチがタイムリーに適用されていれば、このような心配はなくなるのでしょうか。残念ながら、それだけでは安心できません。多要素認証を設定できないActive Directoryでは、ドメイン管理者アカウントであっても認証に必要なものはパスワードだけです。今やパスワードは脆弱な認証要素です。侵入した攻撃者に割り出されてしまうことを想定しておくべきでしょう。そして、ドメイン管理者アカウントのパスワードを割り出した攻撃者はActive Directoryの脆弱性を悪用するまでもなく、ドメインを掌握できてしまうのです。

そのような状況から、認証認可システムをAzure Active DirectoryやOktaなどのクラウド型IAMサービスへ移行することで、脆弱性管理をクラウド型IAMサービスプロバイダに任せ、ドメイン管理者アカウントなどのアカウントの認証に多要素認証やリスクベース認証認可を取り入れるようになってきています。ゼロトラストにおける認証認可はどうあるべきかについての詳細は、4-2節にて後述します。

しかし、昨今のゼロトラスト導入の潮流は、コロナ禍によるテレワーク需要によるところが大きく、従来のオフィス内からのイントラネットへの認証認可に脆弱なActive Directoryが残されたままの企業は多数見受けられます。もはや、イントラネットは侵入されることを前提に考えざるをえません。中長期的には、Active Directoryを排しクラウド型IAMサービスに認証認可システムを統合することが望ましいものの、そう簡単にオンプレミス環境を廃することは

第1章

第2章

第3章

第4章

第5章

第6章

Appendix

できないでしょう。そのオンプレミス環境はいつまでも境界型セキュリティでよいのでしょうか。残されたオンプレミス環境をいかにゼロトラストセキュリティに近づけて守っていくかが肝要です。たとえば、ドメイン管理者アカウントのログインを監視し定期的に操作ログを監査するという対策が考えられます。

◆ 情報暴露脅迫の脅威

攻撃者はランサムウェア攻撃でデータを暗号化し身代金を要求するだけでなく、持ち出したデータを暴露すると脅してくることがあります。

脅されたとき、本当にデータが持ち出されたのか確認したり、大切なデータの外部転送を止めたりできるよう、DLP（Data Loss Prevention）というソリューションを導入することの重要性が増してきました。DLPでコントロールしにくい知的財産などは、IRM（Information Right Management）というツールで遠隔でもデータをコントロールできるようにしておくことが、望ましいでしょう。

また、重要なデータに対しては、十分に強固なアルゴリズムと鍵で暗号化し、暗号鍵を安全に管理することも重要です。それができていれば、重要データを持ち出されたとしても攻撃者に暴露されることから逃れることができます。

このようにデータ管理のセキュリティを強化することも、ゼロトラストの1つの要素です。詳しくは第4章にて後述します。

内部者によってもたらされる脅威

ここまででいかにイントラネットが脅威の侵入やマルウェア感染を許してきたかを紹介してきました。しかし、仮に侵入や感染を防いだとしても、安心することはできません。

情報処理推進機構（IPA）が発行する「2010年版 10大脅威 あぶりだされる組織の弱点！[注26]」では、従業員により企業の機密情報が持ち出され売却され競合他社に渡るなどして、企業の競争力がそがれるという事例が2009年の事例として報告されています。2010年にゼロトラストが提唱される前から内部者とて信用できない状況にあったことを意味します。

注26) URL https://www.ipa.go.jp/security/vuln/10threats2010.html

その後、国内外で内部犯行の大きな事件が起きました。世界の耳目をもっとも集めたのは、2013年のスノーデン事件ではないでしょうか。アメリカ国家安全局（NSA）の契約社員だったエドワード・スノーデンが、2人の米国人ジャーナリストにNSAの機密文書を提供し、米国が秘密裏に世界中に張り巡らせた監視網の存在を暴露したのでした。NSAですら内部者によって機密情報が持ち出されてしまうということが、人々のセキュリティに対する考え方を変える大きなきっかけとなったのではないでしょうか。

一方、国内においては、2014年、ベネッセが会員の個人情報を持ち出される事件がありました。この事件は、内部犯行による脅威の存在を、強烈に印象付けました。この事件を境に、特権管理やデータの持ち出し制限や監査を講じる企業が増えました。

このように内部者であっても信用することができません。ログを監視したり監査したりすることは、外部の脅威を検知するだけでなく、内部犯行やその予兆を検知するためにも役立ちます。ログについて詳しくは4-5節に後述します。

クラウドサービスの利用によってもたらされる脅威

ここまでは組織ネットワークがイントラネットに閉じた脅威でした。しかし、もはや組織ネットワークがイントラネットに閉じているということはほぼありません。組織は少なからずインターネットを介して提供されるクラウドサービスを利用しています。組織が認識しているクラウドサービスだけでなく、従業員が個人的に業務で使っており、組織が把握できていないクラウドサービスの利用もあるかもしれません。

例えば、クラウドサービスの利用を禁じているある企業の従業員が顧客から顧客のMicrosoft Teamsテナントへの招待を受け、参加するというようなことがあるのではないでしょうか。従業員は組織に申告せずに、悪気なく招待を受けた顧客のTeamsテナントに参加してしまうかもしれません。もしそれまで社外へのファイル転送がメールに限られており、上長の承認が必要だったとしたら、Teamsを介して、社外にファイルを転送できてしまうことになります。このように組織が把握していない従業員が利用するクラウドサービスを「シャドーIT」と呼び、シャドーITが増えるたびに、イントラネットからインターネット

へ機密データが転送されてしまう可能性が高まってきてしまいます。たとえTeamsの利用を組織として認めていたとしても、自組織のテナントに限り、他社テナントへの参加は禁止している組織は少なくないでしょう。システム的に制御しないことには、他社テナントに参加してしまう従業員は絶えることがないでしょう。

　TeamsのようなSaaSを利用することによる情報漏えいだけがクラウドサービス利用における脅威ではありません。例えば、従業員が業務のための学習用にAWSのアカウントを作ったとします。多要素認証を設定しないままだったり、作成したアクセスキーをうっかり漏えいさせてしまったりすると、AWSアカウントになりすましログインされ、暗号通貨をかせぐために計算資源を大量に消費され、AWSから非常に高額な請求を従業員が受けてしまうことがあります。従業員が個人で支払えないような金額になることもあり、組織が支払うことになる場合もあるでしょう。

　このような脅威から組織を守るために登場したソリューションがCASB（Cloud Access Security Broker）です。従業員が利用するクラウドサービスを可視化し、アクセス制御などの機能を提供します。CASBについて詳しくは4-3節に後述します。

2-3　これからより高まるであろう脅威

　ここまででお話してきたことは、ゼロトラストのアーキテクチャやソリューションで解決可能な脅威でした。一方で、まだ技術的に対策が難しい脅威や組織的な問題に根差す脅威があります。この節では、そのような脅威について解説します。

クラウドへ広がり侵害される組織ネットワーク

　今や組織の活動において、クラウドサービスの利用は欠かせないでしょう。イントラネットの中にのみ存在していた組織のデータが、クラウドサービスに

保存されるだけでなく、クラウドサービスの中で生み出されさえするようになりました。もはや、クラウドサービスは外部ネットワークではなく、組織ネットワークの一部なのです。そして、クラウドサービスの利用が進むにつれて、さまざまな脅威が顕在化しています。国際的な非営利法人であるCloud Security Alliance（CSA）は、2019年の「クラウド重大セキュリティ脅威[注27]」というホワイトペーパーの中で次の11の脅威を挙げています。

①データ侵害
②設定ミスと不適切な変更管理
③クラウドセキュリティアーキテクチャと戦略の欠如
④ID、資格情報、アクセス、鍵の不十分な管理
⑤アカウントハイジャック
⑥内部者の脅威
⑦安全でないインタフェースとAPI
⑧弱い管理プレーン
⑨メタストラクチャとアプリストラクチャの障害
⑩クラウド利用の可視性の限界
⑪クラウドサービスの悪用／乱用／不正利用

　日本において印象深い事例の1つに、2020年1月に内閣官房内閣サイバーセキュリティセンター（NISC）が注意喚起[注28]したSalesforceの製品の設定不備による意図しない情報公開があるのではないでしょうか。NISCが特定の製品やサービスについて注意喚起を行うことは異例なことです。当時、「クラウド型営業管理システムの設定不備」というような言葉と共に企業から次々と報告される意図しない情報公開の事故が背景にあったものと推察されます。
　本件はSalesforceのLightningという機能を用いてSalesforce内に保管されていたデータが公開状態にあったというものでした。11の脅威の中の「①データ侵害」に当たります。本件の原因は、Salesforce利用組織が、ゲストユーザのLightning機能へのアクセス制御設定の追加に気が付かなかったことと、初期設

注27) URL https://www.cloudsecurityalliance.jp/site/wp-content/uploads/2019/10/top-threats-to-cloud-computing-egregious-eleven_J_20191031.pdf
注28) URL https://www.nisc.go.jp/active/infra/pdf/salesforce20210129.pdf

定ではゲストユーザのアクセスが有効化されていたことでした。クラウドサービスを利用するにあたって、利用者はクラウドサービス提供社から提供された機能を用途に合わせて適切に設定する責任があります。11の脅威の中の「③クラウドセキュリティアーキテクチャと戦略の欠如」に当たり、結果「②設定ミスと不適切な変更管理」に至ってしまった事例と言えるでしょう。

このような数多くあるSaaSのセキュリティ設定についての脅威に対しては、SaaS Security Posture Management（SSPM）というソリューションが誕生しています。しかし、SSPMがカバーできるSaaSはごくわずかです。

委託先への暗黙的な信頼によるビジネスモデルへのリスク

記憶に新しいところでは、2021年3月に世間を騒がせたLINEの個人情報がシステム開発および保守業務の一部を受託していたLINE China社の従業員によって閲覧可能だった問題があります。その頃、中国の軍事的行動が目立つ時期でした。中国が台湾に対して圧力をかけ、米国が中国に対抗するという構図になっていました。米国の同盟国である日本は有事の際には米国と共に中国に対峙することになることが否定しきれない時期であったと言えるでしょう。そして、本書を執筆中の今もその火種は残ったままです。そんな中、日本社会におけるコミュニケーション・インフラともいうべきLINEが暗黙的に中国の委託先を信頼し、運営されていた実態が明らかになりました。

「グローバルなデータガバナンスに関する特別委員会」最終報告[注29]によると、LINE社はこの委託先企業が個人情報にアクセス可能なページへアクセスしたログは取っていたものの、承認されたアクセスであったことをタイムリーに確認していませんでした。またそのページで具体的にどのような操作を行ったかについてのログが十分に保存されていませんでした。報告書では個人情報の漏えいは認められなかったとしていますが、承認されたアクセスの間に何をしていたのかは正確につかめないはずです。したがって、情報漏えいがなかったとは言い切れないはずです。

経済安全保障の観点から十分に警戒すべき中国の委託先に対して、日本社会におけるコミュニケーション・インフラとも言うべきLINEが中国の委託先を

注29) URL https://www.z-holdings.co.jp/notice/20211018

暗黙的に信頼し、運営されていた実態が明らかとなり、LINE社および持ち株会社のZホールディングス株式会社は社会から厳しく批判されました。結果、LINE社は中国企業への委託を終了し、ビジネスモデルの転換を余儀なくされました。

サプライチェーンへの攻撃

　欧州連合サイバーセキュリティ機関（ENISA）は「Threat Landscape for Supply Chain Attacks[注30]」というレポートで、2020年初頭から、サプライチェーンへのより組織的な攻撃が増えてきているという見解を示しました。大企業がより強固なセキュリティ保護策を導入したことで、攻撃者がサプライヤーに矛先を向け変えたと推察しています。

　2020年12月、米国のSolarWinds社は同社が開発するOrion Platformにバックドアが仕込まれていたことを公表しました。この製品は、米国の多数の政府機関、企業に導入されていたため、不正アクセスや情報漏えいなどの影響が広範囲に発生しました。

　このようにサプライヤーへの攻撃を端緒にその顧客組織も攻撃を受けるという被害が、サプライチェーンにおけるリスクの1つとして高まっていくでしょう。組織は自組織を守ることは当然ながら、信頼関係を結ぶサプライヤーを盲目的に信頼せず、セキュリティがどのように担保されているのかを利用開始時だけでなく継続的にモニタリングしていく「Verify and Never Trust」の姿勢が重要です。

フィジカル空間とサイバー空間のつながりによる人命へのリスク

　サイバー攻撃がサイバー空間に留まっている限り、人の命や安全を脅かすことはありませんでした。しかし、今やフィジカル空間、つまり私たち人間が身体的に接する世界は、サイバー空間とつながっており、人の命や安全が脅かされうる状況にあります。

　例えば、2021年2月、米国フロリダ州の水道局の水処理システムが、攻撃者

注30) URL https://www.enisa.europa.eu/publications/threat-landscape-for-supply-chain-attacks

の侵入を許し、水に混ぜる水酸化ナトリウムの量を人体に危険な水準まで上げられてしまいました。CNNが報じるところによると注31、当時のその水道局の環境では、すべてのコンピュータへ同じパスワードでリモートアクセスでき、ファイアウォールで保護されずインターネットに直接つながれていたように見えました。境界型セキュリティすらままならない状況でしたが、サイバー空間を通じてフィジカル空間が侵害される脅威が身近になってきていることを感じていただけるのではないでしょうか。これからは、サイバーセキュリティと無縁だと思われていた組織でも、侵害されるリスクがあるのです。

プライバシー保護に求められるセキュリティ

　プライバシーの問題も世界中で関心が高まっている問題の1つです。世界中で人々の個人データの獲得合戦が繰り広げられています。個人データを大量に持てば持つほど、その組織は個人の行動を予測し、人々の趣味嗜好にあったサービスや商品を提案することができます。便利さを享受した人々はそのプラットフォームに依存する度合いを強め、さらにそのプラットフォームに対して、データを提供していきます。世界中でその好循環を生み出そうと、企業は必死です。

　そういった潮流の中での勝者が米国のGAFAMと呼ばれるIT企業5社です。彼らの好き勝手にはさせまいと、EUはGDPRを制定し、EU居住者のプライバシーを保護しない企業に対して、重い罰金を科すようになりました。プライバシーを守るためには、個人情報の生成、保存、使用、共有、アーカイブのそれぞれの局面で、本人が意図しない開示を防がねばなりません。つまり、本人が認めたユーザやエンティティだけが、自らの個人情報にアクセスできるという状態を、企業は保たねばならないのです。

　それこそ、情報に対するセキュリティです。個人データにアクセスを要求してくるユーザやエンティティが適切なのか、アクセス元の場所やデバイスの状態は適切なのを確かめ、ユーザやエンティティのアクティビティを監視しリスクを継続的に評価する、ゼロトラストな姿勢がふさわしいでしょう。

　例えば、2018年、これを怠ったポルトガルの病院が40万ユーロ（約5,000万

注31) URL https://edition.cnn.com/2021/02/11/us/florida-water-plant-hack/index.html

円）のGDPR制裁金をかけられた事例[注32]があります。病院には985人の登録医師プロファイルが有りましたが、実際には296人しかいませんでした。そしてすべての医師が、すべての患者のファイルに無制限にアクセスできる状態でした。

　この事例はあまりにもずさんで極端な事例かもしれません。しかし、ゼロトラストセキュリティが当然の社会になったとき、境界型セキュリティにより個人情報を守れなかったとなれば、法的に制裁金を課されるだけでなく、レピュテーションの著しい低下を招き、企業活動の継続に懸念が生じることになるでしょう。

注32）**URL** https://www.gdprregister.eu/news/hospital-receives-gdpr-fine/

^{Column}

国外企業を委託先とする場合の
留意事項

　国外の委託先にデータ配置を行う場合、国外から国内のデータにアクセスさせる場合は、各国の安全管理措置の考慮する必要があります。例えば、中国では、2010年「国家動員法」という法律が公布されています。「国防動員法」は、第49条で「満18歳から満60歳までの男性公民および満18歳から満55歳までの女性公民は、国防勤務を担わなければならない」としています^{注A}。

　また、中国では、2017年「国家情報法」が施行されています。第7条と第14条は、「組織・市民による工作活動への協力」を規定しています^{注B}。

- 第7条；「いかなる組織および公民も、国家情報工作を法に基づき支持、協助、協力し、知り得た国家情報工作の秘密を守らなければならない。国家は、国家情報工作を支持、協助、協力した個人と組織に対して、保護を与える」
- 第14条；「国家情報工作機構が法に基づき展開する情報工作は、関係機関、組織および公民に必要な支持、協助、協力を提供するよう要求することができる」

　システム開発や保守を国外の委託先に業務委託する場合は、業務を分離し、必要最小限のアクセス権を付与し、承認された作業のみが行われていることをタイムリーに検証し、万一、情報漏えいの疑いがあればシステムアクセス時にどのような操作が行われたのか事後確認できる記録を確実に残しておくことが最低限必要となります。

注A)　**URL** https://www.sanae.gr.jp/column_detail1296.html
注B)　**URL** https://www.sanae.gr.jp/column_detail1318.html

Column

Executive Order on Improving the Nation's Cybersecurity

　2021年5月12日のこと、米国ホワイトハウスから「FACT SHEET：President Signs Executive Order Charting New Course to Improve the Nation's Cybersecurity and Protect Federal Government Networks[注C]」という文書にて、バイデン大統領が米国のサイバーセキュリティ改善に関する大統領命令[注D]に署名したことが発表されました。

　その背景には、SolarWinds、Microsoft Exchange、コロニアルパイプライン事件などの重大なサイバーセキュリティ事件がありました。それらの事件は、他国の国家やサイバー犯罪者の両方からの高度な悪意のあるサイバー攻撃に直面していると、ホワイトハウスに痛感させたと語られています。そして、不十分なサイバーセキュリティ対策により官民いずれもサイバー攻撃に対して脆弱なままであることが共通していると断じています。

　そこで、大統領令により、米国連邦政府のネットワークを保護し、サイバーの課題に関する官民の情報共有を改善し、事件発生時に米国が対応する能力を強化することで、サイバーセキュリティ防御の近代化に大きく貢献しようとしています。一方、連邦政府が行動するだけでは不十分であり、米国内の重要インフラが独自の投資判断を行う多くの民間企業によって所有および運用されているという認識を示しています。

　ここからは大統領令の内容について解説します。主には下記の7項目を命じています。

①官民での脅威情報共有のための障壁の排除
②米国連邦政府における強固なサイバーセキュリティ標準の近代化と実装
③ソフトウェア・サプライチェーン・セキュリティの改善

注C）URL https://www.whitehouse.gov/briefing-room/statements-releases/2021/05/12/fact-sheet-president-signs-executive-order-charting-new-course-to-improve-the-nations-cybersecurity-and-protect-federal-government-networks/
注D）URL https://www.whitehouse.gov/briefing-room/presidential-actions/2021/05/12/executive-order-on-improving-the-nations-cybersecurity/

④サイバーセキュリティ安全審査委員会の設立

⑤サイバーインシデント対応の標準プレーブックの作成

⑥米国連邦政府ネットワークでのサイバーセキュリティインシデント検知の改善

⑦調査と修復能力の改善

　これらのうち②では、ゼロトラストアーキテクチャ（ZTA）について述べられています。当コラムでは、該当する大統領令セクション3について、見ていきましょう。

強固なサイバーセキュリティ標準の近代化と実装に必要な措置

　まず、サイバーセキュリティへのアプローチを近代化するために、次の措置が必要だと述べています。

- セキュリティのベストプラクティスの採用
- ZTAへの前進
- 安全なクラウドサービスへの移行を加速
- サイバーセキュリティデータへのアクセスの一元化と合理化をしサイバーセキュリティリスクを特定しマネージするための分析の促進
- これら近代化の目標へ一致するようテクノロジーと人材へ投資

移行計画策定の命令

　次に、連邦政府の各機関は、これらの措置を行うために、60日以内に既存の計画を見直し、リソースの優先順位をつけ、クラウド・テクノロジーの採用と使用をすることを義務付けられています。ZTAへの移行を計画するよう期限付きで命じているのです。

クラウドテクノロジー利用によるサイバー攻撃対応能力向上の命令

そして、各機関は、連邦政府がサイバー・インシデントを防御、検知、評価、修復できるように、調整され意図的な方法でクラウドテクノロジーを使い続けることを義務付けられました。その移行のために、ZTAを可能な限り採用することも課せられています。また、FedRAMP（連邦リスクおよび認可管理プログラム）を通じて、クラウドサービス提供社を管理するセキュリティ原則が開発され、各連邦機関の近代化の取り組みに組み込まれます。つまり、連邦政府のネットワークに用いられるクラウドサービスには、サービス自体のセキュリティだけでなく、ZTAに移行する連邦政府のネットワークに組み入れられる要件が求められることを意味します。

多要素認証と暗号化を実装する命令

さらに、大統領令では、多要素認証と保存中および転送中のデータの暗号化を、連邦政府の各機関に課しました。多要素認証と暗号化はZTAにおける重要な要素です。

連邦機関とクラウドサービス提供社の情報共有強化の命令

連邦政府ネットワークのサイバーセキュリティの近代化における5つ目に課された要求事項は、連邦機関が用いるクラウド・テクノロジーに関するサイバーセキュリティとインシデント対応活動に関する協力のフレームワークの確立でした。このフレームワークにより、各連邦機関同士およびクラウド・サービス提供社とも、効果的に情報共有できるようにすることが求められました。

FedRAMPプロセス改善の命令

最後に、FedRAMPの近代化が命ぜられました。具体的には、次のプロセス

第1章

第2章

第3章

第4章

第5章

第6章

Appendix

57

改善を命じています。

- 審査側の教育改善
- 審査中の申請者と審査者間の自動化や標準化を通じたコミュニケーションの改善
- FedRAMPのライフサイクル全体への自動化の組込み
- クラウド・サービス提供社が記入するドキュメントのデジタル化と合理化
- FedRAMPに関連するコンプライアンスフレームワークの関連部分をFedRAMP認定プロセスで利用可能とすることによる合理化

米国発のZTA移行の世界的潮流の始まり

　このように、米国の連邦政府およびその調達先であるクラウドサービス提供社は、ZTAの適用を課せられています。米国で大きく切られたZTAへの舵は、米国をリイバー攻撃者にとって攻略することが難しい国にしていくでしょう。結果、彼らが米国に向けていた才先は、早晩、日本や他国に向き、それらの政府の姿勢に大きく影響を及ぼしていくでしょう。

　ZTAへの移行は短期間で行えるものではありません。段階的に数年かけて行っていくことになるでしょう。脅威が高まり、政府からの圧力が高まる前に、計画し、ZTAの長い旅路を歩み始めましょう。

第3章

ゼロトラストの
アーキテクチャ

どのようにして情報資産を守るのか

　ゼロトラストは分散した情報資産へのアクセスを個別に検証します。このような分散アーキテクチャはどのように構成されているのでしょうか。本書では構成要素からアクセス制御を実現するアルゴリズムまで説明します。

3-1　コントロールプレーンとデータプレーンを分離した分散型アーキテクチャ

　ゼロトラストモデルでは、分散した情報資産へのアクセスを個別に検証するために、コントロールプレーンとデータプレーンを分離した分散アーキテクチャを採用します。分散アーキテクチャを用いてどのように情報資産を守るのか、また、分散アーキテクチャの構成要素と実装パターンの概要についても確認していきます。

境界防御モデルとゼロトラストモデル

　次々と出現する新技術の導入やクラウドサービスの利用拡大により、情報資

○図3-1：境界防御モデル（左）とゼロトラストモデル（右）

従来の境界防御モデル

Untrust（社外）

境界を監視

Trust

情報資産

信ぜよ、されど確認せよ

社内ネットワークは常に安全で、社外ネットワークは危険という二極化した思想

産の分散が進んでいます。そして、情報資産の分散はセキュリティの在り方にも影響を及ぼしました（**図3-1**）。

　従来型の境界防御モデルでは「境界外部は危険で、境界内部は安全」という前提に基づいており、境界を監視し外部からのアクセスを制御することで境界内部に配置された情報資産を守っていました。しかし、企業ネットワークへのアクセス経路が複雑になり、企業が持つ情報資産が社外に存在するのが当たり前になっている今日では、もはや企業ネットワークに対し境界線を設けること自体が困難です。

　また境界防御モデルは、攻撃者に境界線を突破されてしまったら、十分な対処ができないという欠点があります。その点からも、従来型の境界防御モデルでは近年の企業ネットワーク環境に対応しきれていないと言えます。

　一方、ゼロトラストモデルでは企業ネットワークに対し境界線を設けず、利用者／利用端末／ネットワークを問わず、すべてのアクセスを確認します。全

第1章

第2章

第3章

第4章

第5章

第6章

Appendix

経路のアクセスを確認することで、分散した情報資産に対するセキュリティを担保することが可能です。

コントロールプレーンとデータプレーン分離

　ゼロトラストモデルでは、分散した情報資産へのアクセスを個別に検証します。この実現には、アクセスポリシーや認証を集中的に管理するコントロールプレーンと個別の情報資産に対するアクセス制御処理を行うデータプレーンとに機能を分離する分散型アーキテクチャが必要となります。

　データプレーンをコントロールプレーンと分離することで、データプレーン上のアクセス制御ポイントを必要に応じて増減することが可能となります。制御ポイントを情報資産に個別に配置すれば、個々の情報資産の属性情報の収集やアクセス制御といった処理を、個々の情報資産に対して実行可能となります。

　これにより、守るべき情報資産が増減に応じて、データプレーン上の制御ポイントを増減させることができ拡張性の高い構成を取ることができます。また、個々の情報資産に対するアクセス制御処理をデータプレーン上の各々の制御ポイントで分散処理することで、大量のトラフィックにも対応可能となります。

　データプレーン上でのアクセス制御処理実行に必要となるポリシーは、コントロールプレーンで集中管理します。これにより、分散した情報資産に対して統制のとれたアクセス判断が可能となります。

　コントロールプレーンは分散する情報資産へのアクセス判断全体をつかさどる「頭脳」であり、データプレーンは、アクセス判断を実行に移す「手足」のような役割分担となります。人体において、「手足」を意識的に動かす判断は「頭脳」でする一方で、熱さや痛さなどの強い刺激に対しては「手足」が反射的に動きます。同様に、データプレーンもアクセス要求すべてをコントロールプレーンに上げて判断を仰ぐわけではなく、コントロールプレーンの管理するポリシーに基づき、データプレーン上でアクセス制御処理を行います。

　コントロールプレーンとデータプレーンについて、もう少し理解を深めるために、会社のエントランスにある入場ゲートを例に解説します（**図3-2**）。

　社員や来訪者が入場ゲートを通る際には、社員証やゲストカードの提示が求められます。社員証やゲストカードを入場ゲートへ提示すると、入場ゲートか

○図3-2：入場ゲートの通過プロセス

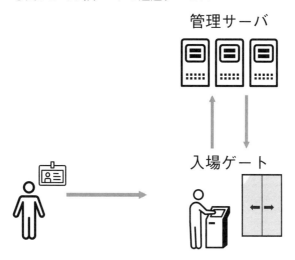

管理サーバ

入場ゲート

ら管理サーバへアクセス要求を行い、管理サーバでアクセス許可・拒否を判断します。その後、管理サーバからアクセス制御の判断結果を入場ゲートへ返すことで、アクセスを許可する（入場ゲートを開く）、アクセスを拒否する（入場ゲートを閉じる）のいずれかを実行します。この際、アクセス制御を判断する管理サーバがコントロールプレーンに属しており、実際のアクセス許可・拒否を実行する入場ゲートがデータプレーンに属していると考えることができます。

入場ゲートは、会社のエントランスだけでなく、各フロア、役員フロア、機密情報を管理するセキュリティルームの入り口などに分散して設置することが可能です。それぞれのエリア入室可否はデータプレーンに属する入場ゲートで実行しますが、それぞれのエリアのセキュリティレベルやそこに入室できる人、入室可能な時間帯などのポリシーは、コントロールプレーンに属する管理サーバで集中管理を行います。

ゼロトラストモデルの主要コンポーネントとアクセス制御プロセス

ゼロトラストモデルはコントロールプレーンとデータプレーンを分離した分散アーキテクチャで構成することを見てきました。本節では、コントロールプ

レーンの集中管理とデータプレーンの分散処理を構成する主要な構成要素と、その構成要素によりどのようにアクセス制御を実現するかを解説します（**表3-1**）。

　利用者などのアクセス主体が情報資産にアクセスする際には、認証・認可による判定が必要です。NIST SP 800-207[注1]では、認証・認可を、ポリシーに基づくアクセス判定を行うPDPと判定結果を適用するPEPを介して行うとしています。リソースにアクセスするにはPDP/PEPの審査を受け、パスしなければなりません。

　PDPはコントロールプレーンに配置され、PE/PAで構成されます。PEはアクセス主体がリソースにアクセスする際の許可・拒否の判断を行い、PAはPE

注1）　(URL) https://csrc.nist.gov/publications/detail/sp/800-207/final

○表3-1：ゼロトラストにおける主要コンポーネント

コンポーネント		説明
アクセス主体		・リソースに情報を取りに行くもの
		・利用者、アプリケーション、プログラムなど
情報資産		・守るべき対象
		・データ、計算資源、アプリケーション、サービスなど
Policy Decision Point (PDP)		・コントロールプレーンに配置されている
		・PEPからアクセスリクエストを受取り、アクセスの許可・拒否を決定する
		・PEとPAで構成される
	Policy Engine (PE)	・アクセス主体からリソースへのアクセスの許可・拒否を判断し、記録する
	Policy Administrator (PA)	・PEのアクセス判断に基づき、PEPにアクセス主体とリソース間の通信の確立や停止を指示する
Policy Enforcement Point (PEP)		・データプレーンに配置されている
		・PAと連携し、アクセス主体とリソース間のアクセスの制御や監視を行う
		・論理的には単一コンポーネントだが、実際にはアクセス主体側（クライアント上のエージェントなど）やリソース側（ゲートウェイ機能など）に分けて配置することも可能

出典元：Zero Trust Architecture（NIST SP 800-207）にNRIが加筆

が下したアクセス許可・拒否判断結果に基づき、通信の確立や停止をPEPに指示します。PEPはデータプレーンに配置され、PAから受領した指示に基づき実際の接続可否を実行するゲートキーパーとして機能します。

　ゼロトラストモデルにおいては、次のプロセスを実施することで、アクセス制御を行っています（**図3-3**）。

①信頼されていないアクセス主体が、情報資産へアクセスを試みる

②アクセス要求がPEPからPDPへ連携される。このときアクセス主体の環境属性なども一緒に連携する

③PEPから連携された情報を元に、PEでアクセスリクエストが信頼できるかの判定する

④PEの判定結果を元にPAからPEPに通信の確立、停止を指示する

⑤PEPでPAからの指示に基づきリソースへの接続、切断を実行する

⑥PEでアクセスリクエストが信頼できると判断された場合は、信頼できるアクセスとしてリソースにアクセス可能となる

○図3-3：PDP/PEPのイメージ

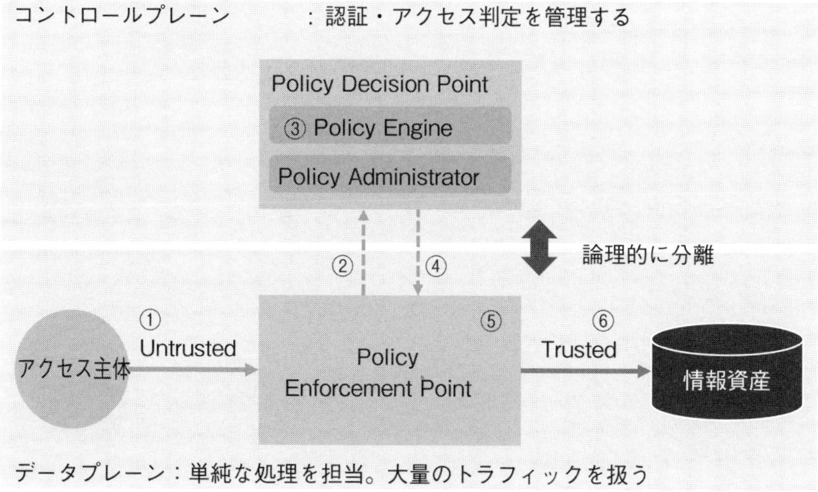

出典元：Zero Trust Architecture（NIST SP 800-207）

3-2　PEPの配置によるアーキテクチャの変化

　ゼロトラストのアクセス制御は、コントロールプレーンに属するPDPとデータプレーンに属するPEPにより実現されることがわかりました、本節では、分散処理の実行を担うPEPに着目して、PEPの配置がアーキテクチャにどのように影響するかを解説します。

○図3-4：ゼロトラストモデルのデプロイメントパターン

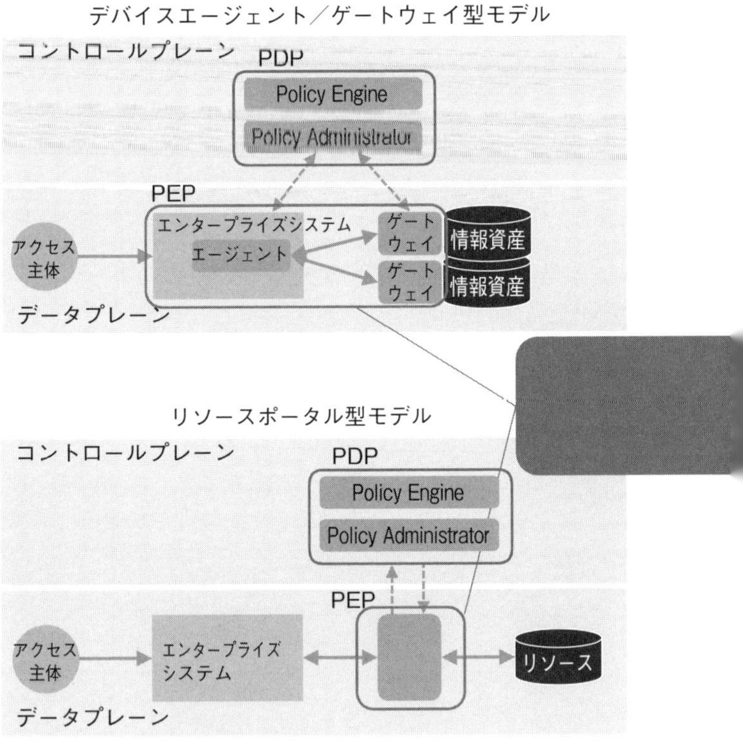

デバイスエージェント／ゲートウェイ型モデル

コントロールプレーン　　PDP

Policy Engine

Policy Administrator

PEP

エンタープライズシステム

エージェント

アクセス主体

ゲートウェイ

ゲートウェイ

情報資産

情報資産

データプレーン

リソースポータル型モデル

コントロールプレーン　　PDP

Policy Engine

Policy Administrator

PEP

アクセス主体

エンタープライズシステム

リソース

データプレーン

ゼロトラストモデルにおけるデプロイメントのポイントはPEPの配置

　NIST SP800-207[注2]では、ゼロトラストモデルの実装について、**図3-4**に示す4種類のデプロイメントパターンが紹介されています。

　デバイスエージェント／ゲートウェイ型モデルは、情報資産ごとにゲートウェイを配置し、デバイスのエージェントとゲートウェイ間で、情報資産ごとに安全接続を行います。

　エンクレイヴゲートウェイ型モデルは、境界にゲートウェイを配置し、ゲートウェイ背後の情報資産の集合体を保護します。従来の境界防御モデルと近い

注2）　**URL** https://csrc.nist.gov/publications/detail/sp/800-207/final

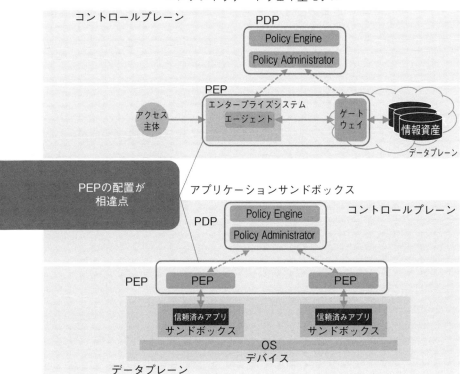

第1章

第2章

第3章

第4章

第5章

第6章

Appendix

67

考え方となり、個別の情報資産へのアクセス制御が困難な場合があります。

　リソースポータブルモデルは、エージェントレスの構成でゲートウェイのみで情報資産を保護します。エージェントをクライアントにインストールする必要がないため、企業間を超えた連携などのユースケースへも対応可能ですが、デバイスからは限られた情報しか収集できないため、デバイスの状況の把握や詳細なアクセス制御が困難になることがあります。

　デバイスアプリケーションのサンドボックス化は、個々のアプリケーションを他のアプリケーションから分離した環境で稼働します。アプリケーションごとにPEPと通信するため、個別のアクセス制御が可能となりますが、アプリケーション稼働環境の保守には手間がかかる構成です。

　4つのデプロイメントパターンの概要からも、それぞれのパターンで情報資産の保護の粒度や、アクセス制御の自由度に違いがあることがわかります。ここでは、4つのパターンについて、PDPとPEPの配置に着目したいと思います。4つのパターンを通してPDPの配置には差がなく、PEPの配置によりパターンが分かれていることがわかります。したがって、ゼロトラストのアーキテクチャを考えるうえで、PEPをどのように配置するかが重要なポイントであることがわかります。

◆ PEPの分散配置

　もう少しマクロな視点で企業ネットワーク全体を対象に、PEPの配置について考察したいと思います。企業ネットワークにおいて、PEPが単独で配置する場合、境界においてPDP/PEPを統合してアクセス制御を行います。コントロールプレーンとデータプレーンの分離も必要なく、分散アーキテクチャである必要もありません。これは従来の境界防御モデルのアーキテクチャに相当します。具体的には、データセンターのインターネットへの出口に配置したファイアーウォールがPEPを一点に担っているアーキテクチャです。

　一方で、ゼロトラストモデルにおいては、アクセス主体から情報資産へのすべてのアクセスを検証します。PEPを情報資産ごとに配置することでPoint to Pointでのアクセス検証が可能となります（**図3-5**）。

○図3-5：PEPの分散配置

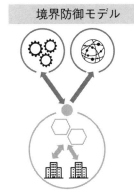

境界防御モデル

● PEP （Trust Zone）

単独のPEP

ゾーン単位のトラスト

複数PEP/分散配置

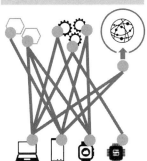

ゼロトラストモデル

情報資産ごとにPEP配置

PEPより分散し、情報資産に近づいていく

◆ マイクロセグメンテーション

　ゼロトラスト実現のための重要な概念の1つとしてマイクロセグメンテーションがあります。マイクロセグメンテーションとは、ネットワークにおけるセキュリティの区分けを物理的なネットワークセグメントよりも細かい単位で論理的に分離することです。これにより特定の情報資産へのアクセス制御をきめ細かく設定でき、また特定の機器が何かしらの被害にあって不正操作されたとしても他の機器へのアクセスを封じ込めることができます。

　ネットワークのセグメンテーションはPEPの配置に依存します。PEPで検証され信頼済みのトランザクションは、PEPの内側にある情報資産にアクセス可能になります。PEPを情報資産に近づけ、情報資産ごとに配置すれば、情報資産ごとにアクセスの検証が可能となり、セグメンテーションをより細かく設定することが可能となります。

◆ トラストゾーン単位でのPEPの分散配置

　すべてのトランザクションを検証するためには、情報資産ごとにPEPを配置するのが理想的です。一方でPEPを分散配置すればするほど、ゲートウェイの配置費用や維持管理のためのコストがかかります。また、ゲートウェイと通信するためのAPIを持たないレガシーシステムは、情報資産ごとにPEPを配置することが技術的に困難です。

　米国サイバーセキュリティ・インフラセキュリティ庁(CISA)のTrusted

○表3-2：トラストゾーンの例

評価軸	説明	High Trust Zone
環境の制御	環境のセキュリティポリシー、実装の制御がどの程度可能か	完全にコントロール可能 例：オンプレ環境
環境の透明性	環境の構成をどの程度把握可能か	完全に把握可能 例：閉域網内のシステム
環境の検証	環境の規定遵守をどの程度検証可能か	継続的に検証可能 例：APIやログ収集により、継続的に確認可能

Internet Connections 3.0（TIC 3.0）[注3]では、同じ信用レベルのゾーン単位でPEP を分散配置し、ネットワークのゾーン単位でセキュリティ対策を行うことを提唱しています。このゾーンをトラストゾーンと呼びます。

　トラストゾーンとは、環境の信用レベルに基づいて分類された複数の情報資産の集まりを指します。トラストゾーンは、環境の制御の必要性、環境の透明性、環境の検証可能性などの評価軸で分類します。例えば、自社で環境のセキュリティポリシーの適用を制御可能であり、自社でシステム構成を管理・把握可能であり、自社で規定遵守の検証が可能である環境はHigh Trust Zoneに属すというようにゾーン単位で環境を部類していくことができます（表3-2）。

　従来の境界防御モデルとは、PEPをトラストゾーンごとに分散配置する点が異なります。ネットワーク境界の内部と外部といった2軸ではなく、ゾーン単位でアクセスを検証していきます。

　情報資産へのすべてのアクセスを検証するゼロトラストの概念とも異なります。トラストゾーン単位に環境に合わせた制御を行うため、すべてのリソースに対してPoint to Pointでアクセスの検証ができるわけではありません。しかしながら、レガシーシステムが残る中で一足飛びに、ゼロトラストモデルに移行することは困難な場合もあるため、ゼロトラストへ移行する中間地点として採用可能なアーキテクチャと言えます。

注3）　URL https://www.cisa.gov/publication/tic-30-core-guidance-documents

Middle Trust Zone	Low Trust Zone
ある程度コントロール可能	ほとんどコントロールできない
例：クラウド上のインスタンス、モバイル環境	例：SaaSサービス
部分的に把握可能	ほとんど把握不可能
例：クラウド上のシステム	例：完全に他社が管理しているシステム
定期的に検証可能	検証のためのデータにアクセスできない
例：年次点検などで検証可能	

3-3　アクセス制御を実現するトラストアルゴリズム

　ゼロトラストの実装はPEPの配置によりアーキテクチャが変化することを確認しました。本節ではゼロトラストの根幹であるアクセス検証を、コントロールプレーン上のPDPがどのように実現しているかについて解説します。

ゼロトラストアーキテクチャにおける思考プロセス

　3-1節で述べたとおり、ゼロトラストのアクセス制御はコントロールプレーン上のPDPにて実施されます。PDPはさらにPE・PAに分離されており、PEはアクセス制御における許可・拒否の判断、PAは判断結果に基づく接続、切

○図3-6：トラストアルゴリズムとインプット情報

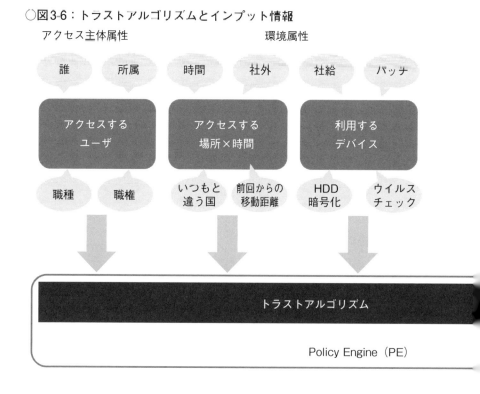

断の指示をPEPへ伝達する役割を担っています。ゼロトラストアーキテクチャにとって、アクセス制御の許可・拒否の判断を行うPEは「頭脳」であり、PAは全身に張り巡らされた「神経」と言えます。

PEはトラストアルゴリズムによってアクセス判断を行います。トラストアルゴリズムとは、PEに収集されたユーザやデバイスの属性情報などのインプットを基に、アクセス制御の判断を行うためのプロセスです。まさに「頭脳」であるPEにおける「思考プロセス」と言えます（**図3-6**）。

従来のアクセス制御では、認証されたアクセス主体の属性に応じたアクセス制御が主流でした。ゼロトラストでは、場所や時間、利用するデバイスなどの環境属性や、アクセス対象となる情報資産のリソース属性、攻撃者の意図や能力、設備などに関する情報から攻撃の傾向を把握する脅威インテリジェンスといった情報を組み合わせて、トラストアルゴリズムにより、アクセス主体からのアクセスが信頼できるものかを判断します。

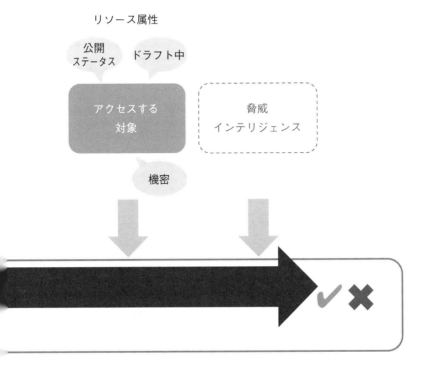

トラストアルゴリズムの評価パターン

　ゼロトラストにおけるアクセス制御は、トラストアルゴリズムが、評価材料となるインプット情報に対して、どのような評価手法を取り、アクセス主体が信頼に足ると評価するかが肝要です。トラストアルゴリズムの評価手法にはいくつかのパターンが存在します。本節では、代表的な評価パターンを紹介します。

◆ 評価パターン①：インプット情報に対する評価

　インプット情報を基とする評価手法は、主に基準値形式とスコア形式による評価に分類されます。基準値形式は、インプット情報の各要素が事前に定められた基準値をすべて満たす場合のみアクセス許可の判断がされます（図3-7）。後者のスコア形式は、インプット情報の各要素に対し重みづけをしたうえで採点し、その合計スコアと事前に定められた閾値を超えていればアクセス許可の判断を行う形式です（図3-8）。

　基準値形式のメリットは、アクセスを許可・拒否した理由が、事前に定めた基準と明確に比較できる点にあります。セキュリティ規程で定めたルールをそのまま実装することが可能なため、とても分かりやすく導入しやすい方法だと言えます。ただし、静的なアクセス制御となるため、画一的なアクセス判断となるのには留意が必要です。

　一方で、スコア形式は動的なアクセス制御が可能となります。アクセス主体がいつもと異なる場所や時間帯、ブラウザからアクセスしているなどといった環境の変化に適応したアクセス制御ができるため、ゼロトラストモデルへの採用という観点では望ましいとされています。しかしながら、アクセス許可・拒否に至るまでの経緯が基準値形式と比較して分かりにくくなります。スコア形式を採用する場合は、このようなブラックボックスを受け入れる必要があると考えます。また、スコア形式では誤判断によるアクセス拒否または許可のリスクがあります。重みづけなどのパラメータ設定には検証期間を設けて、複数回のチューニングを行う必要があります。

○図3-7：評価パターン①：インプット情報評価（基準値形式）

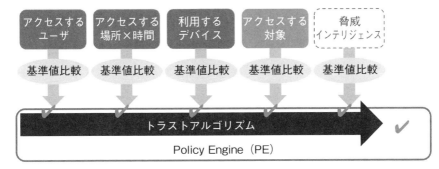

○図3-8：評価パターン①：インプット情報評価（スコア形式）

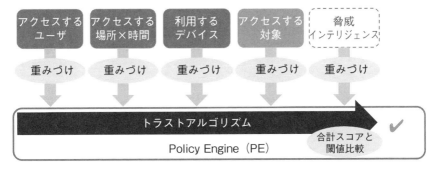

◆評価パターン②：アクセス主体に対する評価

　アクセス主体に対する評価手法は、主にカレント形式とヒストリ形式の2つに分類されます。カレント形式は、アクセスリクエストの主体に対し、過去の履歴を考慮せず単純に今回のリクエストが妥当かどうかを評価する形式です（図3-9）。これに対し、ヒストリ形式は、主体が過去にどのようなリクエストをしていたのかを考慮したうえで妥当性を評価する形式となります（図3-10）。

第**1**章

第**2**章

第**3**章

第**4**章

第**5**章

第**6**章

Appendix

○図3-9：評価パターン②：アクセス主体評価（カレント形式）

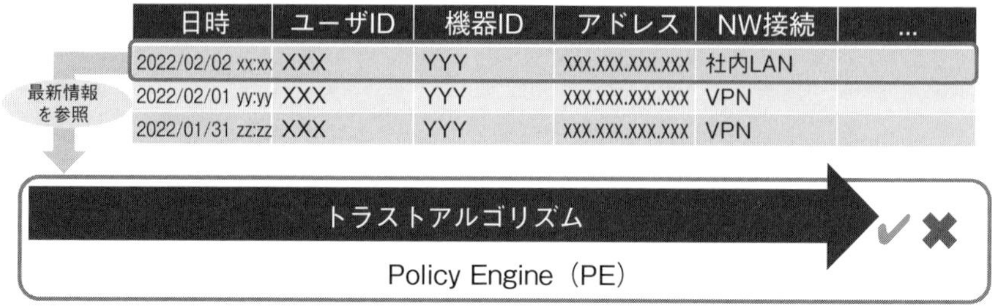

日時	ユーザID	機器ID	アドレス	NW接続	...
2022/02/02 xx:xx	XXX	YYY	xxx.xxx.xxx.xxx	社内LAN	
2022/02/01 yy:yy	XXX	YYY	xxx.xxx.xxx.xxx	VPN	
2022/01/31 zz:zz	XXX	YYY	xxx.xxx.xxx.xxx	VPN	

最新情報
を参照

トラストアルゴリズム　✔ ✖

Policy Engine（PE）

○図3-10：評価パターン②：アクセス主体評価（ヒストリ形式）

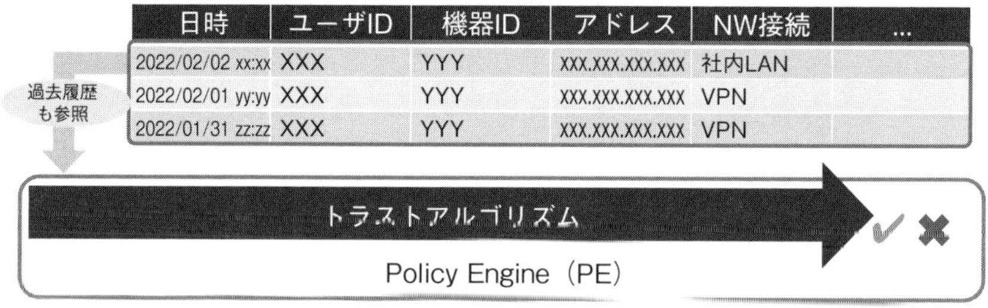

日時	ユーザID	機器ID	アドレス	NW接続	...
2022/02/02 xx:xx	XXX	YYY	xxx.xxx.xxx.xxx	社内LAN	
2022/02/01 yy:yy	XXX	YYY	xxx.xxx.xxx.xxx	VPN	
2022/01/31 zz:zz	XXX	YYY	xxx.xxx.xxx.xxx	VPN	

過去履歴
も参照

トラストアルゴリズム　✔ ✖

Policy Engine（PE）

　カレント形式は過去の履歴を考慮しないため迅速に評価できますが、マルウェアに侵害されたアカウントであっても、正しいプロセスでアクセスリクエストを行えば、正常なリクエストと評価してしまいます。

　ヒストリ形式は過去の履歴をふまえたうえでの評価となるため、マルウェアに侵害されたアカウントからのリクエストの場合、アクセス主体の過去の挙動との違いにより、不正アクセスであることを検知できる可能性が高くなります。一方で、突発業務による一時的なアクセスリクエスト数の上昇を不正として誤検出してしまうリスクがあります。また、履歴を踏まえた判断をするために十分なインプット情報の収集が必要となるといったことも考慮する必要があります。

分散型アーキテクチャの発展

Column

　ゼロトラストは、さまざまなサービスに分散するデータを守るために分散型のアーキテクチャを採用しています。熱力学の大原則であるエントロピー増大の法則は、経済活動や実生活においてもよく引き合いに出されますが、情報システムのアーキテクチャについても、集中型アーキテクチャから分散型アーキテクチャへの移行は抗うことの難しい基本的な流れであると考えます。システムアーキテクチャの変遷を概観しながら、将来のゼロトラストアーキテクチャ像を少し想像してみたいと思います。

◆システムアーキテクチャの変遷

　図3-Aに、システムアーキテクチャの変遷を簡単にまとめました。1960年代のメインフレームを主体としたコンピューティングの時代においては、ホストコンピュータがコンピュータリソースを提供する、集中型アーキテクチャが主流となっていました。1台で高可用性を実現するためにハードウェアは高価になり、仮想化技術は高価なハードウェアリソースをいかに有効活用するかが重要な観点でした。

　1980年代になると、ネットワーク技術の発展とHW価格の下落を背景に、分散システムが台頭します。初期は高可用性の必要のないシステムから利用されていました。しかし、多数のサーバで並行処理をする分散処理技術が進展し、1台が故障しても系全体での回復力を確保でき、大量の処理が実現できるようになると、安価なサーバを利用した分散構成への移行が決定的になりました。

　2010年以降のクラウド時代では、OSまでもが隠蔽され、コンテナ環境やサーバレス環境でサービスを稼働させることで、デプロイの手間を減少し、サービスの変更や拡張がより自由に行えるようになりました。これによりアプリケーションアーキテクチャもマイクロサービスの採用が進んでいます。

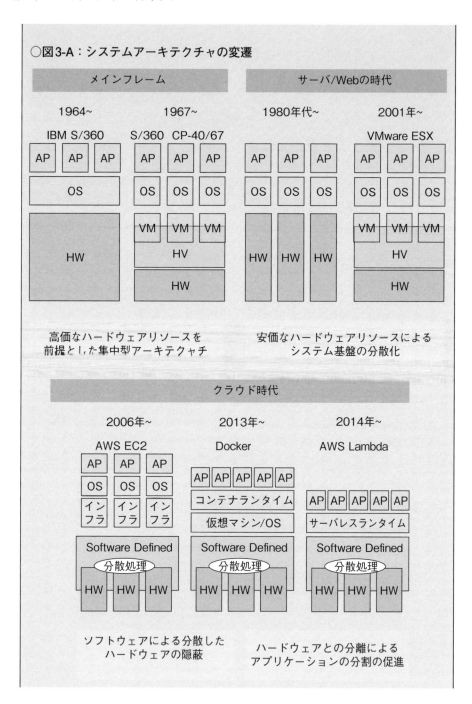

○図3-A：システムアーキテクチャの変遷

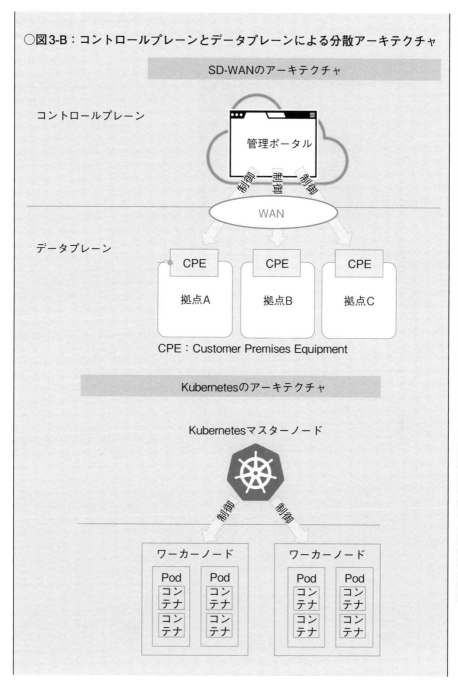

○図3-B：コントロールプレーンとデータプレーンによる分散アーキテクチャ

SD-WANのアーキテクチャ

コントロールプレーン

管理ポータル

制御 制御 制御

WAN

データプレーン

CPE
拠点A

CPE
拠点B

CPE
拠点C

CPE：Customer Premises Equipment

Kubernetesのアーキテクチャ

Kubernetesマスターノード

制御 制御

ワーカーノード

Pod
コンテナ
コンテナ

Pod
コンテナ
コンテナ

ワーカーノード

Pod
コンテナ
コンテナ

Pod
コンテナ
コンテナ

第1章
第2章
第3章
第4章
第5章
第6章
Appendix

現在の分散アーキテクチャ

　分散アーキテクチャを実現する重要な技術要素は、ソフトウェアデファインドです。ソフトウェアデファインドは、多数の汎用的なハードウェアを仮想化技術で抽象化し、そのコンピュータリソースをソフトウェアで制御する考え方です。その際に、コントロールプレーンとデータプレーンを分離し、コントロールプレーンでは制御を集約して管理し、データプレーンでは分散した各ノードでの実際のデータ伝送や処理を行うのが主流となっています。

　この考え方はゼロトラストも採用されていますが、**図3-B**に示すように、ネットワーク仮想化のSDNや、コンテナ管理のKubernetesでも採用されています。コントロールプレーンとデータプレーンの機能を分離することで、データプレーンを構成するノードの拡張や障害時の切り離しなどを自動で運用管理することが可能となります。一方でコントロールプレーンは集約管理となるため、単一障害点となり得ます。

分散アーキテクチャの未来

　図3-Cに示すように、ブロックチェーンでは制御を集約せず、各ノードが対

○**図3-C：ブロックチェーンの分散アーキテクチャ**
すべての取引履歴を皆で保管し、参加者によって取引の検証と記録を行う

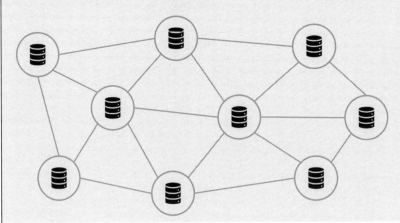

等に直接通信を行います。特定の管理機関を介することなく、各ノードがデータを共有し、各ノード同士が主体となって通信を行います。実際のデータ転送や処理だけでなく、管理までもが分散した一歩進んだ分散アーキテクチャと考えられます。

　現在のゼロトラストは、コントロールプレーンで集中してトラストの管理を実施していますが、ブロックチェーンの概念を取り入れられれば、各ノード間の通信をトランザクション単位でトラストの判定を行うことが可能となります。一方で、ブロックチェーンにはネットワーク上の各ノードにデータを伝搬させる必要があるため、処理に時間がかかるといった課題もあります。ネットワークや各ノードの処理性能向上により、将来的にはゼロトラストアーキテクチャがブロックチェーンのような管理自体も分散したアーキテクチャに移行することもあるかもしれません。

第4章

ゼロトラストを構成する技術要素

4つの技術要素を組み合わせて対応する

　本章では、ゼロトラスト（ZT）、特に、ゼロトラストアーキテクチャ（ZTA）、ゼロトラストネットワークアーキテクチャ（ZTNA）を構成する4つの主要な技術要素（「認証・認可」「ネットワーク」「エンドポイント」「ログ集約と分析の高度化」）について解説します。

　ゼロトラストでは、守るべき情報資産であるデータやアプリケーションは、組織内外のどこにでも存在します。情報資産は組織内外のさまざまなネットワーク経由でアクセスされ、処理結果を表示、保存するデバイスも利用シーンに応じて多様化していきます。このような変化に対応するためには、単一の技術要素で守るのは困難です。

　情報資産へのアクセスのための「認証・認可」、情報資産へのアクセス経路である「ネットワーク」、アクセスの入口である端末などの「エンドポイント」、そして企業システム全体を俯瞰して攻撃の予兆や痕跡をあぶり出す「ログ集約と分析の高度化」といった4つの技術要素を組み合わせて対応する必要があります。

4-1　4つの主要な技術要素

内向きのデジタル化による変化と対策

　組織における内向きのデジタル化を推進すると、主に3つの変化が生じます。その変化にともない生じる脅威も変わり対策のポイントも変化します。図4-1～図4-3は3つの変化により生じる脅威と対策例についてまとめたものです。

　変化①（図4-1）は、「守るべき情報資産が境界内外に分散する」ことです。情報資産はどこにあったとしても、情報資産へのアクセスは許可されたユーザやデバイスに限らなくてはなりません。それを実現するためには、第3章でも記述したとおり、ゼロトラストアーキテクチャ（ZTA）の根幹をなす「認証・認可」が重要となります。

　変化②（図4-2）は、「守るべき情報資産は境界の内外からアクセスされる」ことです。社内ネットワークからインターネットを利用してきた従来の経路だけでなく、外出先やリモートワークで社内システムにアクセスしたり、インターネットで直接クラウドサービスにアクセスするといった通信も増えていきます。さまざまな経路に対して防御可能な「ネットワークセキュリティ」が必要となります。また、ユーザが利用する端末といったエンドポイントは、情報資産への

○図4-1：デジタル化の変化点①（脅威と対策の考察例）

変化点①

| 守るべき情報資産は内部にある | → | 守るべき情報資産は境界の内外にある |

脅威（1）

・社外からのリモートアクセス需要の高まりでVPN装置の設置の増加
・VPN装置に脆弱性があり不正アクセスされる
・リモートアクセスの認証情報を第三者に悪用される

対策1

VPN機器の脆弱性情報を収集し対応する。あるいは、深刻な脆弱性の作りこみが過去にない機器を選定する

対策2

リモートアクセス用の認証は多要素認証を必須とする

対策3　データへのアクセスを許可されたヒトやデバイスに限るためにセキュリティ戦略にゼロトラストを取り込み、実装を進める

○図4-2：デジタル化の変化点②（脅威と対策の考察例）

変更点②

| 守るべき情報資産は境界内部からアクセスする | → | 守るべき情報資産は境界の内外からアクセスされる |

脅威（2）

マルウェアによる情報流出や暗号化

脅威（3）

クラウドサービスの設定不備を狙った情報漏えい

対策4

端末からのC2通信を検知・防御可能なネットワークセキュリティにて対策する

対策5

端末の振る舞いから異常を検知可能なエンドポイントセキュリティにて対策する

対策6

クラウドサービスの設定状況の監視／是正を行う

アクセスの入口であり、それは攻撃者にとっても同様です。アクセスの入口である「エンドポイントセキュリティ」で端末の振る舞いを検知し早期に脅威を封じ込める必要があります。

第1章
第2章
第3章
第4章
第5章
第6章
Appendix

○図4-3：デジタル化の変化点③（脅威と対策の考察例）

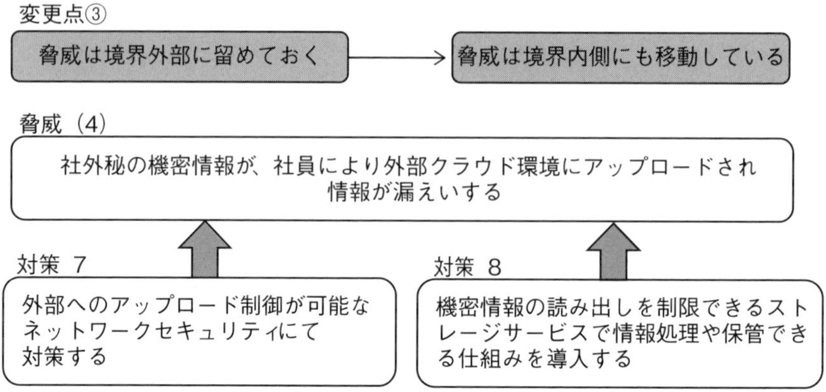

変更点③

| 脅威は境界外部に留めておく | → | 脅威は境界内側にも移動している |

脅威（4）

社外秘の機密情報が、社員により外部クラウド環境にアップロードされ
情報が漏えいする

対策 7

外部へのアップロード制御が可能な
ネットワークセキュリティにて
対策する

対策 8

機密情報の読み出しを制限できるスト
レージサービスで情報処理や保管でき
る仕組みを導入する

　変化③（図4-3）は、「脅威を境界外部に留めておくことは現実的に困難であり、境界内部にも移動する」ことです。外部からの攻撃だけでなく、従業員による操作ミスや内部犯行による情報漏えいへの対策も重要となります。機密情報の持ち出し制限をできるソリューション選定に加え、ログ分析の高度化により情報漏えいの予兆や痕跡を早期検知し、被害を最小限に抑えるなどの対応が必要となります。

4つの主要な技術要素

　これまで確認したとおり、ゼロトラストを実現するためには、認証・認可、ネットワークセキュリティ、エンドポイントセキュリティ、ログの集約と監視といった4つの主要な技術要素についての理解を深める必要があります（図4-4）。次節以降では、それぞれの技術要素について、具体的なソリューションやソリューションの選定・導入・運用時の考慮点などについて解説します。

　4-2節（認証・認可とデータセキュリティ）では、認証・認可における技術背景や、脅威に対する対策の詳細内容を解説します。

　4-3節（ネットワークセキュリティ）では、ネットワークセキュリティの背景や、現在必要とされる大枠の対策と実行方法、およびソリューションレベルでの製品選定観点など、導入を前提とした具体的な内容を解説します。

○図4-4：主要な技術要素

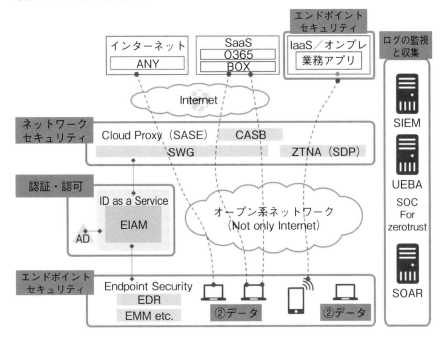

4-4節(エンドポイントセキュリティ)では、上記の範囲について、一般ユーザ部門が使用するPCからワークロードに存在するサーバ群まで、対象範囲を拡げ、概念から製品選定に関する内容について解説します。

　昨今のエンドポイントは、TPMによるセキュアな証明書の暗号化を可能とし、エンドポイント自体の真正性は確実に向上していると言えますが、不正な動作については捉えられていないのが現状です。このため、エンドポイントセキュリティでは、「振舞い検知」や従来の、「シグニチャ型ウィルス対策」のような、着弾後の検知・対処・復旧を行う機能に加えて、資産管理や構成管理の観点からデバイスの構成を把握し、問題箇所の是正につなげるような予防に関連する機能も範囲として、対策を検討する必要があります。

　4-5節(ログの集約と監視)では、相関分析にてどのようなことが行えるのか、またどんな技術を使って実現するのか詳細内容を解説します。

　組織内の脅威発生に関連するイベントを検知し、問題を未然に防ぐ、あるいは問題が発生したあとで調査分析を行うためには、ユーザの操作やシステムのログが必要です。各ポイントでログの取得、分析を行う必要があり、各種ログを集約し、ログの監視と収集を行うことにより、システム全体を俯瞰した、傾向分析・対応を実現します。

　巧妙化する攻撃手口に対抗するには、ユーザ認証とアクセスの認可、ネットワーク、エンドポイントの全領域でログを取得し、相関的に分析することで、組織内で発生した事象を可視化することが重要です。

　インシデントの発生検知は単一領域の監視で実現可能です。しかし、侵害ケースにおいて攻撃が横展開されることを検知し対応することを考慮した場合、それぞれの監視を個別に行い、ログの統合管理ができていないと効果的・効率的な対応はできません。インシデントの傾向分析においても、同様です。また、相関的に分析した結果を複数のセキュリティソリューションの設定に反映する必要があり、時間を要してしまうことが1つの懸念点として考えられます。このため、今後はSOARなどの自動化ツールの導入も視野に入れて検討するべきです。

第**1**章

第**2**章

第**3**章

第**4**章

第**5**章

第**6**章

Appendix

^{Column}

認証と認可の違い

「認証」と「認可」の違いを理解しておくことは重要です。

• 認証（図4-A）

システムやデータ、アプリケーション、クラウドサービスなどのアクセス先資産（以降、リソース）へアクセスする「ユーザ（モノの場合もある）」が、"本物"であることを証明すること（≒当人確認）

• 認可（図4-B）

リソースへのアクセスを許可すること

例えば、Aさんがアプリ Z を利用する際の流れを**図4-C**とします。この例では、①および②が「認証」、③が「認可」となります。認可されているためアプリZが利用できます。Webアプリでは、認可のためのSession Cookieを発行します。アクセストークンとなるためこれが第三者に取得されるとなりすまし利用される原因となります。

○図4-A：認証

認証（主体であることを証明する（当人確認））

①Aです

②Aさんです
確認しました

証明される人
（ユーザ）

証明する人
（認証局）

<u>認証で何かを許されるわけではない</u>

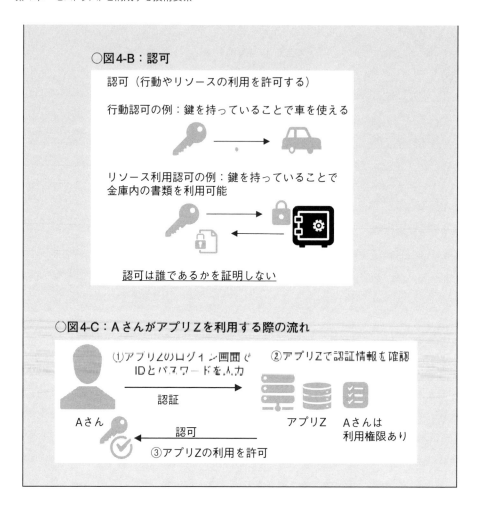

○図4-B：認可

認可（行動やリソースの利用を許可する）

行動認可の例：鍵を持っていることで車を使える

リソース利用認可の例：鍵を持っていることで
金庫内の書類を利用可能

認可は誰であるかを証明しない

○図4-C：Aさんがアプリ Z を利用する際の流れ

①アプリ Z のログイン画面で
IDとパスワードを入力

②アプリ Z で認証情報を確認

認証

Aさん

認可

アプリ Z　Aさんは
利用権限あり

③アプリ Z の利用を許可

4-2　認証・認可とデータセキュリティ

第1章

第2章

第3章

第4章

第5章

第6章

Appendix

　企業におけるユーザ認証は、ユーザがアプリケーションやシステムなどの情報資産(本節ではリソースと呼ぶ)へアクセスをする際に、本人であるかどうかを確認する仕組みであり、従来はシステムのログインIDやパスワードに代表される知識認証に頼ったものが一般的でした。しかしながら、パスワードリスト型攻撃やブルートフォース攻撃など、知識認証を突破する攻撃が増えるにつれ、知識認証に所持認証や生体認証の要素を併せた多要素認証も徐々に採用されるようになってきました。

　認可(アクセス制御)は、認証されたユーザがリソースにアクセスすることを許可または拒否する仕組みです。従来はリソースへのアクセス権限をユーザに付与するのが一般的でしたが、社外での端末使用やクラウドサービス上のデータへアクセスすることが増えるにつれて、アクセス権限の有無だけでアクセスを許可できないケースが出てくるようになりました。

　ゼロトラスト環境では、働く環境の多様化やデータの分散がさらに進むため、上記に加え、ユーザの資格情報の漏えい有無や、脅威インテリジェンスとの突合による既知の攻撃パターンとの類似性、デバイスのセキュリティ状態など、「トラスト」と呼ばれる信頼情報をアクセスの都度検証することで、動的に認証・認可を行うことが必要となってきます。

　本節では、このような認証・認可と、それを実現するうえで密接に関係するデータセキュリティについても部分的に解説します。

ユーザ認証・認可の動向

　昨今、ユーザ認証関連の動向は特に大きく変化し、企業はこれまでの常識を疑い、脅威動向や脆弱性動向の変化に合わせてシステムやアプリケーションの認証仕様を見直す必要に迫られています。

　例えば、かつては常識とされてきた複雑なパスワードの設定やパスワードの定期更新は、後述するとおりもはや無意味と言っても過言ではありません。以

下では「脅威」「脆弱性」の視点から認証仕様を見直す必要性について説明します。

◆ 脆弱性の視点（ユーザ視点）からの必要性

　世の中には数多くのアプリケーションやシステムが存在します。ユーザは多数のIDおよびパスワードの管理の必要性に迫られ、同一パスワードを使いまわしするのも自然な話です。「データ侵害のコストに関する調査レポート2021（IBM社）注1」によると、「調査対象者の82％が複数のアカウントでパスワードを使いまわしている」と回答しており、現代IT社会において、パスワードの使いまわし禁止の呼びかけやルール化はもはや現実的ではないと言えます。

◆ 脅威の視点（脅威アクタ視点）からの必要性

　脅威アクタ、すなわち攻撃者の視点からみると、ユーザ認証を狙って、主に知識認証を突破しようとするサイバー攻撃の脅威も増加しています。

● パスワードリスト型攻撃（Password List Attacks）

　ダークウェブなどの地下市場で入手したIDとパスワードのリストを用いて、ログイン認証の突破を図る攻撃手法です。

● パスワードスプレー攻撃（Password Spray Attacks）

　利用されている可能性が高い複数のパスワードを利用するとともに、システム管理者側の対策を回避するためにログイン試行を時間的に分散させゆっくり仕掛けることで、ログイン認証の突破を図る攻撃手法です。

● ブルートフォース攻撃（Brute-force Attacks）

　「Brute-force」には「強引な」という意味があり、総当たりでパスワードを入力しログイン認証の突破を図る攻撃手法です。理論的に存在しうるすべてのパターンのパスワードを入力し、認証の突破を図ります。

● フィッシング攻撃（Phishing Attacks）

　標的を騙してID、パスワードを盗み出そうとするソーシャルエンジニアリン

注1）　URL https://www.ibm.com/jp-ja/security/data-breach

グ型の攻撃手法です。フィッシングサイトにクレデンシャル情報を入力させてIDおよびパスワードを窃取し、ログイン認証の突破を試みます。

◆ユーザ認証に関する脆弱性や脅威への対応方針

　脆弱性や脅威に対応する鍵となる考え方は「ID、パスワードは漏えいしている前提でリソースの認証仕様を設計・実装する」です。米国政府機関である米国国立標準技術研究所（NIST）が発表しているNIST SP800-63Bにおいても、「ユーザへのパスワードの定期変更の強制はすべきでない」や「ユーザに複数文字種（大文字／小文字／数字／記号など）の混合の強制はすべきでない」という、従来のパスワード管理の常識とはかけ離れた要件となっています。

　例えば、システムに複雑なパスワードを設定して定期的に更新していても、フィッシング攻撃などにより脅威アクタにIDおよびパスワードが窃取されると、ログイン認証を突破されてしまいます。また、同一パスワードを使い回しているWebサービスから窃取されたID、パスワードの情報が地下市場に流出し、パスワードスプレー攻撃などを受けることも考えられます。

　このように、かつて常識であったユーザ認証の考え方は大きく変わりつつあります。一方で、このような変化をゼロトラストモデルへのシフトの好機と捉え、自社の認証仕様の見直しを検討することも求められています。

　また、アクセス制御（認可）についても、従来のアクセス制御方式ではリソースにアクセスするために必要な権限がユーザに付与されているか否かでアクセス可否の判定を行っていましたが、それだけでは信頼できなくなってきています。例えば、テレワークなどで端末が社外に持ち出されている場合、ユーザ情報だけを見るとリソースにアクセスを許可してもよいと判断できますが、アクセス元の端末は、会社のネットワーク配下になく、脆弱性パッチが十分に適用されていない、インターネット経由でマルウェアに感染している可能性があるなどのリスクの高い環境にあると考えられ、これまでと同じ条件で許可することは推奨されません。

　デジタルトランスフォーメーションにおいては、このようなユーザ認証やアクセス制御（認可）に関する動向の変化をゼロトラストモデルへシフトするための好機と捉え、積極的に対応していくことが推奨されます。

○表4-1：NIST SP800-63B記憶シークレット要件

強い		弱い
SHALL（NOT）	SHOULD（NOT）	MAY
必須（禁止）	推奨（非推奨）	許容

カテゴリ	（参考）NIST SP800-63b 記憶シークレット要件	
	必須度	要件
文字列の長さ	SHALL	ユーザがパスワードを定義する場合、最低8文字以上
	SHALL	システムがパスワードをランダム文字列で発行する場合、最低6文字以上
	SHOULD	ユーザが定義する場合、64文字以上の長さのパスワードの受け入れ
文字列の選択	SHOULD	スペースを含むすべてのASCIIキャラクタおよびUnicode文字列を選択可能にする
	MAY	ユーザの入力ミスの可能性を考慮し、連続したスペース入力は1つのスペースに置き換える
	SHALL NOT	先頭から一定の長さでのパスワードの切り捨ては禁止
	SHALL	Unicode文字を1文字としてカウントする
	SHOULD	Unicode文字列を許容する場合、検証前にNKFCまたはNKFDにより文字列を正規化する
	SHALL	ブラックリストとの比較
	SHOULD	パスワード強度メーターの表示
	SHOULD NOT	ユーザに複数文字種（大文字／小文字／数字／記号など）の混合の強制はすべきでない
有効期限	SHOULD NOT	ユーザへのパスワードの定期変更の強制はすべきでない
	SHALL	パスワード漏えいが発覚した場合のパスワード強制変更
パスワードヒント	SHALL NOT	パスワードのヒントを保存することは禁止
	SHALL NOT	ユーザにパスワードヒントを選択させることは禁止
パスワード入力・検証	SHALL	レートリミットの導入（一定時間で許容する失敗回数の制限）
	SHOULD	パスワード入力時のコピペ操作を許容する
	SHOULD	入力しているパスワード文字列を生で表示するオプションを提供する

	SHALL	パスワード送信時の通信経路は暗号化する
暗号化	SHALL	パスワードの保存時はsalt付きハッシュで符号化する
	SHOULD	ハッシュによる符号化を繰り返し行う（ストレッチング）

※「NIST SP800-63B」を基にNRIセキュアテクノロジーズが作成

ゼロトラストにおけるユーザ認証

　従来型のユーザ認証方式は、ユーザがリソースへアクセスをする際に、IDやパスワードに代表される知識認証でアクセス主体が本物であることの確認を行っていました。ゼロトラストモデルのアーキテクチャにおけるユーザ認証方式は、知識認証に加え「シングルサインオン」と「多要素認証」を基本としつつ、「FIDO」などの技術を利用することが有効です。これにより、ユーザ利便性の向上と認証の強化を両立させることが可能となります。

◆シングルサインオンと多要素認証

　シングルサインオンとは、利用している複数のリソースへのアクセスを1つのIDで可能とする仕組みのことです。例えば、営業システム、勤怠システム、給与システムにアクセスする際、それぞれのシステムのIDおよびパスワードを用いてログインするのではなく、1つのIDおよびパスワードでログインを可能とする仕組みのことです。

　このため、利用しているシステムのIDおよびパスワードの管理の手間から解放されるため、ユーザ利便性の向上が期待できます。シングルサインオンの欠点は、1つのIDおよびパスワードでログインを可能としても、「ユーザ認証に関する動向」で説明したような、パスワードリスト型、ブルートフォースなどの攻撃を受けてしまうと、一度の侵害ですべてのシステムの認証を突破されてしまうことになります。

　多要素認証とは、IDおよびパスワードなどの「知識情報」および「所持情報」「生体情報」の3つの認証要素のうち、2つ以上の異なる認証要素を用いて認証する

95

方法です。例えば、ATMからお金をおろす際は、所持情報であるキャッシュカードに加え、知識情報である暗証番号が必要となるため、多要素認証をしていることになります。多要素認証の欠点は、自社が保有しているすべてのリソースにおいて多要素認証を導入することは、技術面・コスト面でとてもハードルが高いことです。とりわけ、オンプレミスのシステムやアプリケーションにおいて多要素認証機能を実装するとなると、莫大な開発コストが掛かることが予想されます。そもそも技術的に多要素認証の実装が困難なケースもあります。

　このように、シングルサインオン、多要素認証それぞれ単体では欠点がありますが、双方の機能を具備した統合認証基盤を導入し、自社が保有するアプリケーションやシステムの認証を委ねることで、互いの欠点を補いつつ認証強化を実現することができます。

◆ FIDO（Fast Identity Online）

　FIDOは、生体認証に関する技術仕様を標準化した認証方式の総称で、業界団体である「FIDO Alliance（ファイド アライアンス）」が国際標準化を推進しています。公開鍵暗号方式を用いたユーザ認証システムを採用しており、認証を行うシステム側に保存した公開鍵と、ユーザのデバイス（端末）側に格納された

○図4-5：FIDO認証のイメージ

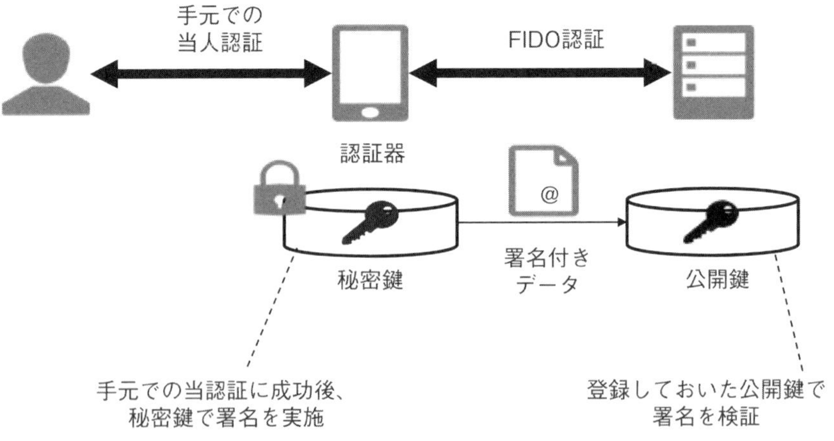

手元での
当人認証

FIDO認証

認証器

秘密鍵

署名付き
データ

公開鍵

手元での当認証に成功後、
秘密鍵で署名を実施

登録しておいた公開鍵で
署名を検証

秘密鍵を使って認証を行います。生体情報などの秘密情報をネットワーク上で伝送する必要がないため、セキュアな認証方式を実現していることが特徴です。FIDOを利用した認証の場合、ユーザ側の端末からパスワードなどの資格情報は送信されず、ユーザ側の端末内でユーザの指紋や顔などの生体情報やPIN情報により認証を行います。認証に成功した場合は、ユーザ側の端末内で秘密鍵が有効化され、認証システムから受け取ったデータを署名します。その後、署名されたデータがユーザ側の端末から認証システム側に渡され、秘密鍵の対としてあらかじめユーザ側から渡されている公開鍵を用いて署名が正しいか検証されます。

多要素認証に加えて次世代認証技術「FIDO」を利用した生体認証やパスワードレス認証を利用することで、さらなる利便性向上やセキュリティ強化を期待できます。

◆ 製品／サービス選定・導入の考え方（クラウドIAMサービス）

ゼロトラストにおけるユーザ認証を実現するものとして、クラウド型IAMサービス（以降、IAMサービス）が第一の選択肢となります。選定・導入にあたっては、IDの一元管理や知識認証はもちろん、シングルサインオンや多要素認証に加えて、IDプロビジョニング機能や、ID関連の脅威情報機能を具備していること、さらに、構築しようとしているゼロトラストモデルにおけるユーザ認証の構想に合致していることが重要です。

● IDプロビジョニング機能

IDプロビジョニングとは、IDや属性値などのユーザ情報を、自動的に複数のシステムやアプリケーション、サービスに反映する機能です。例えば、Active Directory上のユーザ追加・変更・削除などのイベントをトリガーに、Active Directoryのユーザ情報をクラウドサービスなどのアプリケーションのユーザ情報に自動的に反映します。

さらに、ユーザ属性によるマッピング機能を具備する場合は、事前に定義したマッピングルールをもとに、Active DirectoryなどのLDAPデータベースの属性値（所属部門など）に応じてプロビジョニング先を振り分けるなど、運用作業の自動化に寄与します。

第1章　第2章　第3章　第4章　第5章　第6章　Appendix

　IDプロビジョニングのオープン標準規格であるSCIM（System for Cross-domain Identity Management）を利用することで、IDプロビジョニングを実現することが可能です。

　しかしながら、IAMサービスがSCIM対応だからといって、IAMサービスとクラウドサービスのIDプロビジョニングの実装が容易かというと、必ずしもそうではありません。いざユーザ情報連携先のクラウドサービスとIDプロビジョニングの設定を行おうとすると、「設定がうまくいかない」「想定していた属性値を反映できない」など、設定に苦労することがあります。

　このため、IDプロビジョニングの実装に想定以上の工数が掛かってしまったり、IDプロビジョニングが想定どおりできず結局ID登録・改廃を手作業で行う必要があったりなど、運用性向上を見込めないことがあります。さらに、これらを手作業で行うことで、不要IDの棚卸漏れなどのセキュリティリスクが残存してしまう可能性もあります。

　そのため、IAMサービスと現在利用している（または将来利用する可能性がある）クラウドサービスとのIDプロビジョニングの連携実績や接続コネクタの有無を事前に確認しておくことを推奨します。

● ID関連の脅威情報機能

　ID関連の脅威情報機能とは、IAM側が保有する脅威インテリジェンスとの突合による既知の攻撃や悪意のあるIPアドレスとの類似性を確認することで、ユーザのトラストを検証する機能です。例えば、認証プロセスにおいて、フィッシングやブルートフォース、パスワードスプレーなどの既知の攻撃行為ではないか、アクセス元のグローバルIPアドレスがブラックリストに登録されていないかなど、IAMサービス側でID関連の脅威インテリジェンスとの突合することでユーザのトラストを検証します。

　また、これらの攻撃行為を検知した場合、ユーザ側にパスワード変更を促したり、管理者側でSAMLトークンやOpen ID ConnectのIDトークンをリセットするなどのリスク低減を図ることが可能です。

　一方、IAMサービスに当該機能が具備されていない場合、この類の脅威をIAMサービスとしては検知できません。このため、代替策として、例えばIAMサービスとは別に脅威インテリジェンスサービスを利用し、この類の脅威情報

を検出できる態勢を整えておく手段が考えられるものの、リアルタイム性ある
ユーザのトラストの検証は現実的ではありません。

◆ 運用上の留意点

　IAMサービスは導入するだけでなく、統制・運用の体制やプロセスの構築、
人材育成を行わないと、運用面の隙を突いた脅威を防ぐことができません。と
りわけゼロトラストモデルでは、ID管理やユーザ認証が適切に設計・運用され
ていることが大前提です。

• 削除／無効化すべきIDの残存

　厳格な認証・認可を導入しても、適切に運用されていなければ、本来無効化
または削除されるべきユーザ情報が残存する可能性があります。そのため、脅
威アクタがそれを不正利用しても適時に検出できず、結果としてセキュリティ
インシデントに繋がる可能性があります。

　ID管理運用に対してもガバナンスを維持する必要があることは、2013年頃か
らGartner社などを中心に、IGA（Identity Governance and Administration）とい
う言葉・概念で提唱されており、ゼロトラストモデルの実装とともに、IGAの
考え方に基づいたID管理の運用とガバナンスの見直しについても検討すること
を推奨します。

• トークンリセット時の対応

　多要素認証により増やした「要素（トークン）」を紛失／失効した際のリカバリ
フローは脆弱なポイントになり易い部分です。ユーザには不便を強いる形にな
りますが、対面処理など強固な本人確認処理を挟むか、他の多数の認証要素に
よる本人確認を十分に行ったうえで、トークンを再発行するなどの考慮が必要
です。

　例えば、サイバー攻撃を受け大量情報漏えいした海外の大手ゲーム会社では、
当時多要素認証が設定されていたものの、ソーシャルエンジニアリングで多要
素認証トークンをIT運用サポートから不正に取得され、多要素認証を突破され
ました。

第1章

第2章

第3章

第4章

第5章

第6章

Appendix

ゼロトラストにおけるアクセス制御（認可）

　ユーザ認証が成功し、リソースへアクセスする主体が、本物であることを証明されたあとは、アクセス制御（認可）により該当のリソースへのアクセス可否が判定されます。

　従来型のアクセス制御方式は、リソースへのアクセス権限がユーザに付与されているか否かで認可の判定を行っていました。ゼロトラストモデルのアーキテクチャにおけるアクセス制御方式は、従来型の方式に加え、ユーザ、デバイス、ネットワーク、アプリケーションなどさまざまな観点において「トラスト情報」をインプットとし、「動的アクセスポリシー」を基にリソースへのアクセスの認可判定を行います。

○図4-6：各トラストの棲み分け

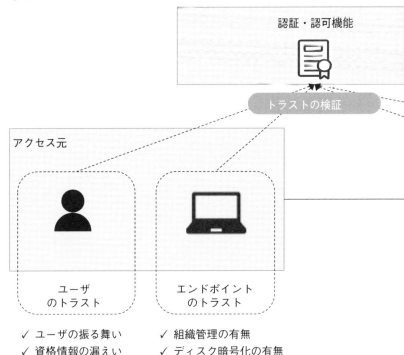

トラスト情報

　セキュリティにおけるトラストとは、システム環境を構成する各部位の状態が、信用に足るものであるかを示すための「信頼」と定義されます。ゼロトラスト環境では、トラストは「静的」ではなく「動的」に変わり得るものであり、リソースへのアクセスの都度検証される必要があります。3-1節で述べたとおり、どんなユーザが、どんな場所や端末から、どのリソースへの接続をリクエストしたとしても、1つひとつのトラフィックをすべて検証してアクセス可否を判断するというゼロトラストネットワークアクセスの基本概念を実現するための必須要素と言えます。

　本書ではトラストを確認すべき部位として、「ユーザ」「エンドポイント」「ネッ

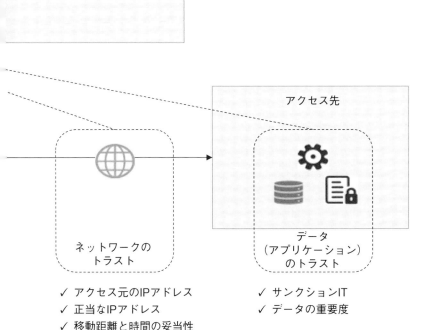

アクセス先

ネットワークのトラスト

データ（アプリケーション）のトラスト

✓ アクセス元のIPアドレス
✓ 正当なIPアドレス
✓ 移動距離と時間の妥当性

✓ サンクションIT
✓ データの重要度

トワークのトラスト」「データ（アプリケーション）」の4つを定義しています（図4-6）。

◆ ユーザのトラスト

　ユーザのトラストとは、本節の「ゼロトラストにおけるユーザ認証」で述べた認証技術を活用し、アクセス主体のユーザが本物であることを証明することです。さらに、次の動的情報をインプットにユーザのトラストを高めることができます。

＜ユーザのトラストの情報（例）＞
- ユーザのログイン時間などの振る舞いが通常時と同じか
- 資格情報が漏えいしていないか
- 脅威インテリジェンスとの突合による既知の攻撃との類似性

　例えば、あるリソースのログイン認証プロセスにおいて、ユーザのログイン時間帯が通常時と異なる場合、または脅威インテリジェンスとの突合によりパスワードスプレー攻撃などのような既知の攻撃パターンとの類似性が検出された場合、ユーザのトラストは低い状態と判断できます。

　このように、IDおよびパスワードや多要素認証に加えて、ユーザの振る舞いなどの妥当性、資格情報の漏えい有無などを確認することで、ユーザ主体が真に主体そのものであるかを突き詰めて検証することが、ユーザのトラストを確保することに繋がります。

◆ エンドポイントのトラスト

　エンドポイントのトラストとは、デバイスの種別やOS、インストールされているソフトウェアの有効化状態など、管理者が意図するデバイスのセキュリティ状態になっていることを検証することです。主に、次の動的情報をインプットにエンドポイントのトラストを検証します。

＜エンドポイントのトラストの情報（例）＞
- 組織が管理しているデバイスであるか
- デバイスのディスクが暗号化されているか（BitLockerなど）
- 管理者により定められたOS、バージョンであるか
- EDRなどの脅威対策ソフトウェアのエージェントが有効であるか
- SASEなどのエージェントが有効であるか
- ADドメインに参加しているか

　例えば、あるリソースへのアクセスにおいて、ユーザのPCにEDRなどの脅威対策ソフトウェアのエージェントが有効化されていない場合、エンドポイントのトラストは決して高い状態ではないと判断できます。反対に、上記の例に示した内容が統合認証基盤側ですべて「YES」であることを確認できた場合、エンドポイントのトラストが高い状態であると判断できます。

　このように、アクセス元のエンドポイントのセキュリティポスチャの状態を、あらかじめ管理者が定義した水準を満たしていることを確認することで、エンドポイントのトラストの確保に繋がります。

◆ ネットワークのトラスト

　ネットワークのトラストとは、リソースにアクセスするユーザやデバイスのロケーション情報など、あらかじめ管理者により定められたIPアドレスであることを検証することです。主に、次の動的情報をインプットにネットワークのトラストを検証します。

＜ネットワークのトラストの情報（例）＞
- 社内拠点からのアクセスか、社外からのアクセスか
- 日本国内からのアクセスか、海外からのアクセスか
- アクセス元のIPアドレスはあらかじめ定義された範囲内に収まっているか
- 初めての市区町村、都道府県、国からのアクセスか
- 直近のアクセスからの移動距離と時間の関係が妥当か
- 脅威インテリジェンスとの突合による悪意のあるIPアドレスではないか

例えば、あるリソースへのアクセスにおいて、アクセス元のグローバルIPアドレスがあらかじめ管理者により定義されたIPアドレス範囲内に収まっていない場合や、沖縄県のグローバルIPアドレスからの1時間前にアクセスがあったにも関わらず、東京のグローバルIPアドレスからのアクセスを認証基盤が検知した場合(現実的に当該移動が不可能の場合)は、ネットワークのトラストは低い状態と判断できます。

このように、アクセス元のグローバルIPアドレスの情報や移動時間を確認することで、ネットワークのトラストを確保することに繋がります。

◆ データのトラスト

データの重要度に基づいてデータの分類を行い、その分類に応じてデータの「格納場所」や最小権限の原則に則ったデータに対する厳密な「アクセス権」付与の設計を行います。そのうえで、データの分類ごとにアクセスポリシーを使い分けることでアクセス制御におけるデータのトラストを担保します。重要度に基づいたデータの分類例は表4-2のとおりです。

また、データの分類に応じて「アクセス権の付与先」を検討します。

＜アクセス権の付与先(例)＞
- 極秘情報：経営者のみが参照・更新可能
- 機密情報：管理職と一部の社員のみが参照・更新可能
- 社外秘情報：プロジェクトメンバのみが参照・更新可能
- 公開情報：すべての社員が参照可能 など

○表4-2：重要度に基づいたデータの分類例

データ区分	該当データ
極秘情報	経営情報、顧客情報
機密情報	人事情報、個人情報
社外秘情報	システム設計書、企画資料、議事録
公開情報	自社HPの情報、パンフレット

第**1**章

第**2**章

第**3**章

第**4**章

第**5**章

第**6**章

Appendix

例えば、あるリソースへのアクセスにおいて、「経営情報」へのアクセスについては経営者のみ参照・更新可能となるよう、最小権限の原則に則りアクセス権を付与します。

このように、従来からデータの重要度に応じてアクセス権限を付与する設計・運用は常識ですが、ゼロトラストモデルにおいてもこのような考え方は踏襲されます。

逆に、ゼロトラストの考え方に従ってこれまで述べた「ユーザのトラスト」「ネットワークのトラスト」「エンドポイントのトラスト」の厳密な検証を踏んで認証・認可制御を行っても、データのアクセス権限の設計や設定が不適正であれば、内部不正などの脅威に対しては脆弱と言わざるをえません。

動的アクセスポリシー

3-1節で「ゼロトラストモデルでは企業ネットワークに対し境界線を設けず、利用者／利用端末／ネットワークを問わず、すべてのアクセスを確認します」と述べたとおり、これまで述べたトラストはすべて「静的」なものではなく「動的」に変わりうるものです。このため、リソースアクセスの都度、各トラストを検証する必要があります。

本書における動的アクセスポリシーとは、主体がリソースにアクセスする際に満たす必要がある、「ユーザ」「ネットワーク」「エンドポイント」「データ」のトラストごとのベースラインの検証ルールを指します。クラウドIAMサービスなどにおいて、組織における動的アクセスポリシーを定義・実装することで、ユーザ認証に加えて「ユーザ」「ネットワーク」「エンドポイント」「データ」の各トラストを検証したうえで適切なアクセス制御（認可）を実現することができます。

◆ 動的アクセスポリシーのベースライン

主体がリソースへのアクセスする際に、例えば、ユーザのトラストであれば、「安全なユーザであること（ユーザ情報や資格情報が漏えいしていないこと）」「ログイン行為に既知の攻撃兆候パターンは見られないこと」など、クラウドIAMサービスなどで定義した動的アクセスポリシーについて、可能な範囲で各トラストの検証内容（ベースライン）を定義します（**表**4-3）。

○表4-3：各トラストの検証内容の例

トラスト	検証内容（ベースライン）
ユーザ	安全なユーザであること（資格情報が漏えいしていないこと）
	ログイン行為に既知の攻撃兆候パターンは見られないこと
エンドポイント	会社管理のデバイスであること
	OSバージョン：2.xxx以上であること
	EDRエージェントが導入され有効化されていること
	SASEエージェントが導入され有効化されていること
ネットワーク	（場所）日本国内からのアクセスであること
	（時間）平日日中帯であること
データ	会社で利用許可されているアプリケーションであること

◆動的アクセスポリシーの構成例

動的アクセスポリシーについて、具体的なパターンを例に説明します。

クラウドIAMサービスなどにおいて、組織における動的アクセスポリシーを定義および実装することで、ID、パスワードおよび多要素認証に加えて、「ユーザ」「ネットワーク」「エンドポイント」「データ」の各トラストを検証したうえで適切なアクセス制御を実現することができます。

・例1：ベースライン準拠の場合、アクセスを許可（正常アクセスパターン）

アクセスするユーザ、エンドポイント、およびデータのトラストに関する検証内容（ベースライン）にすべて準拠していれば検証結果が「OK」となり、多要素認証を要求せずリソースへのアクセスを許可します（表4-4、図4-7）。

・例2：承認されていない場所からのアクセスの場合、多要素認証要求

アクセスするユーザ、エンドポイント、およびデータのトラストに関する検証内容（ベースライン）に準拠しているものの、ネットワークのトラストについて「日本国外からのアクセス」のため、追加認証（多要素認証）を要求したうえで多要素認証が正常に行われれば、リソースへのアクセスを許可します（表4-5、図4-8）。

○表4-4：例1－ベースライン準拠の場合

トラスト	検証内容	検証結果
ユーザ	安全なユーザであること（ユーザ情報や資格情報が漏えいしていないこと）	OK
	ログイン行為に既知の攻撃兆候パターンは見られないこと	OK
エンドポイント	会社管理のデバイスであること	OK
	OSバージョン：2.xxx以上であること	OK
	EDRエージェントが導入され有効化されていること	OK
	SASEエージェントが導入され有効化されていること	OK
ネットワーク	（場所）日本国内からのアクセスであること	OK
	（時間）平日日中帯であること	OK
データ	会社で利用許可されているアプリケーションであること	OK

○表4-5：例2－承認されていない場所からのアクセスの場合

トラスト	検証内容	検証結果
ユーザ	安全なユーザであること（ユーザ情報や資格情報が漏えいしていないこと）	OK
	ログイン行為に既知の攻撃兆候パターンは見られないこと	OK
エンドポイント	会社管理のデバイスであること	OK
	OSバージョン：2.xxx以上であること	OK
	EDRエージェントが導入され有効化されていること	OK
	SASEエージェントが導入され有効化されていること	OK
ネットワーク	（場所）日本国内からのアクセスであること	NG
	（時間）平日日中帯であること	OK
データ	会社で利用許可されているアプリケーションであること	OK

第1章
第2章
第3章
第4章
第5章
第6章
Appendix

○図4-7：例1－ベースライン準拠の場合

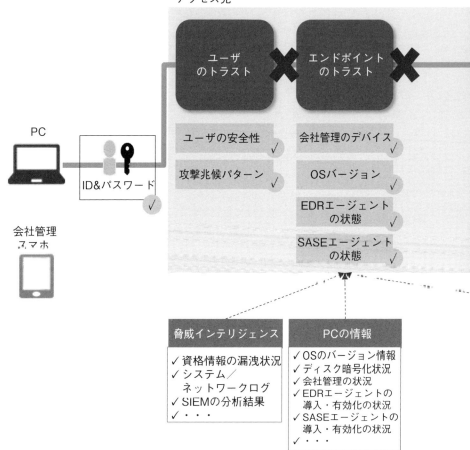

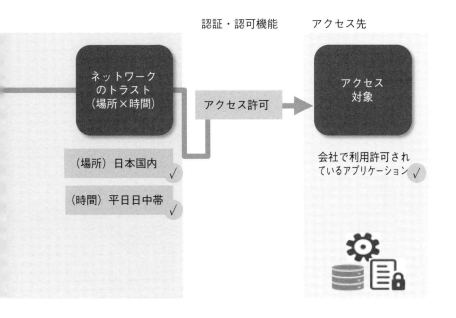

○図4-8：例2－承認されていない場所からのアクセスの場合

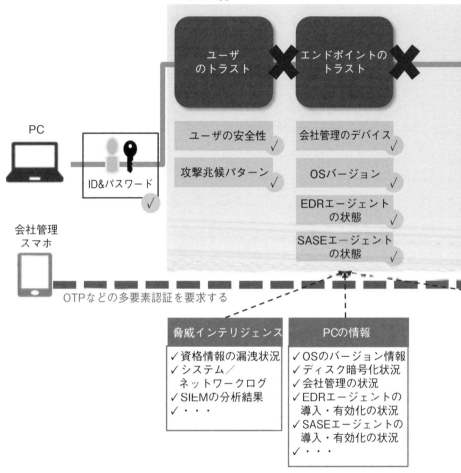

アクセス元

PC

ID&パスワード

会社管理
スマホ

OTPなどの多要素認証を要求する

ユーザ
のトラスト

エンドポイントの
トラスト

ユーザの安全性 ✓

攻撃兆候パターン ✓

✓

会社管理のデバイス ✓

OSバージョン ✓

EDRエージェント
の状態 ✓

SASEエージェント
の状態 ✓

脅威インテリジェンス

✓資格情報の漏洩状況
✓システム／
　ネットワークログ
✓SIEMの分析結果
✓・・・

PCの情報

✓OSのバージョン情報
✓ディスク暗号化状況
✓会社管理の状況
✓EDRエージェントの
　導入・有効化の状況
✓SASEエージェントの
　導入・有効化の状況
✓・・・

第**1**章

第**2**章

第**3**章

第**4**章

第**5**章

第**6**章

Appendix

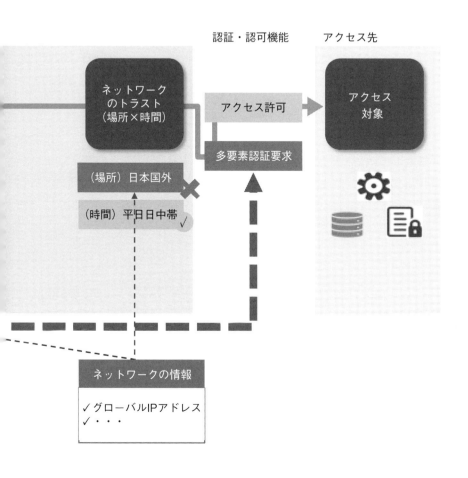

- 例3：ID・パスワード漏えいユーザのアクセスの場合、パスワード変更要求

　アクセスするネットワーク、エンドポイント、およびデータのトラストに関する検証内容(ベースライン)に準拠しているものの、ユーザのトラストについて「ユーザ情報や資格情報が地下市場へ漏えい」がIAMクラウドサービスで検知された場合、追加認証(多要素認証)を要求したうえで多要素認証が正常に行われれば、パスワード変更を要求したうえでリソースへのアクセスを許可します(**表4-6**、**図4-9**)。

○**表4-6：例3－ID・パスワード漏えいユーザのアクセスの場合**

トラスト	検証内容	検証結果
ユーザ	安全なユーザであること（ユーザ情報や資格情報が漏えいしていないこと）	NG
	ログイン行為に既知の攻撃兆候パターンは見られないこと	OK
エンドポイント	会社管理のデバイスであること	OK
	OSバージョン：2.xxx以上であること	OK
	EDRエージェントが導入され有効化されていること	OK
	SASFエージェントが導入され有効化されていること	OK
ネットワーク	(場所) 日本国内からのアクセスであること	OK
	(時間) 平日日中帯であること	OK
データ	会社で利用許可されているアプリケーションであること	OK

• 例4：日本国外かつ管理外デバイスからアクセスの場合、アクセスを拒否

　アクセスするユーザ、およびデータのトラストに関する検証内容（ベースライン）に準拠しているものの、ネットワークのトラストについて「日本国外からのアクセス」、エンドポイントのトラストについて「会社管理外のデバイス」であるため、リソースへのアクセスを拒否します（表4-7、図4-10）。

○表4-7：例4－日本国外かつ管理外デバイスからアクセスの場合

トラスト	検証内容	検証結果
ユーザ	安全なユーザであること（ユーザ情報や資格情報が漏えいしていないこと）	OK
	ログイン行為に既知の攻撃兆候パターンは見られないこと	OK
エンドポイント	会社管理のデバイスであること	NG
	OSバージョン：2.xxx以上であること	OK
	EDRエージェントが導入され有効化されていること	OK
	SASEエージェントが導入され有効化されていること	OK
ネットワーク	（場所）日本国内からのアクセスであること	NG
	（時間）平日日中帯であること	OK
データ	会社で利用許可されているアプリケーションであること	OK

第1章　第2章　第3章　第4章　第5章　第6章　Appendix

○図4-9：例3－ID・パスワード漏えいユーザのアクセスの場合

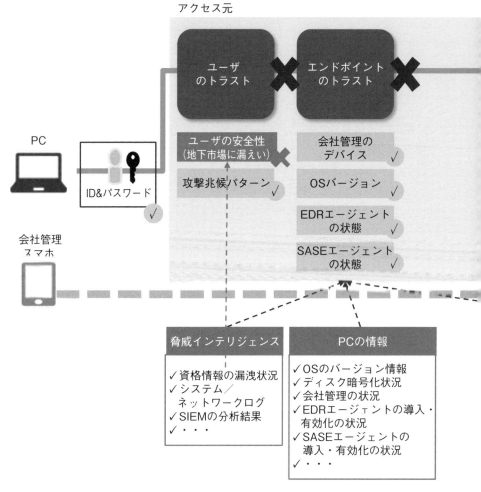

第1章

第2章

第3章

第4章

第5章

第6章

Appendix

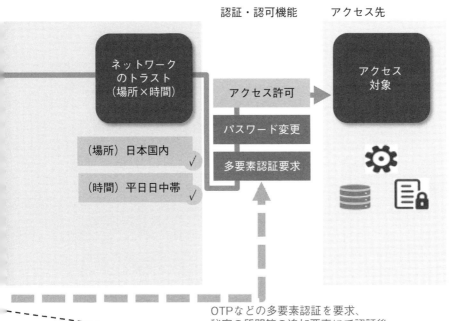

認証・認可機能　　アクセス先

ネットワーク
のトラスト
（場所×時間）

アクセス許可

アクセス
対象

（場所）日本国内　✓

パスワード変更

（時間）平日日中帯　✓

多要素認証要求

OTPなどの多要素認証を要求、
秘密の質問等の追加要素にて認証後、
パスワード変更を要求

ネットワークの情報

✓グローバルIPアドレス
✓・・・

○図4-10：例4－日本国外かつ管理外デバイスからアクセスの場合

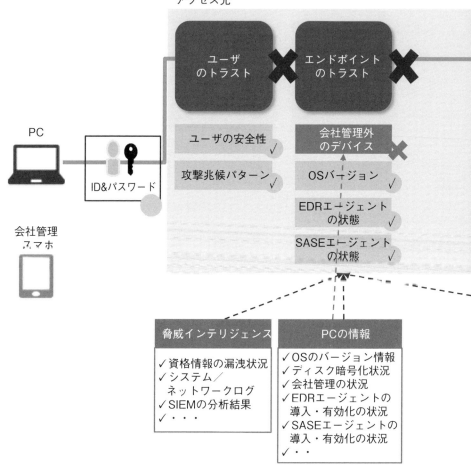

第**1**章

第**2**章

第**3**章

第**4**章

第**5**章

第**6**章

Appendix

認証・認可機能　　　アクセス先

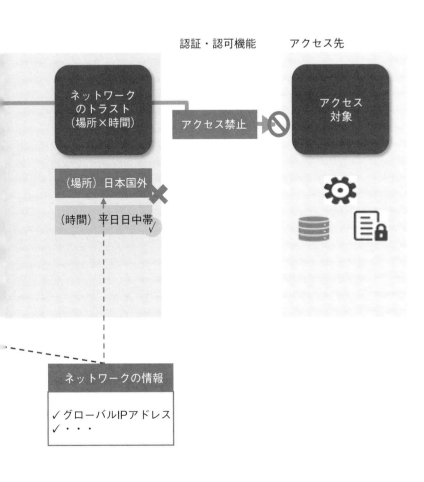

製品／サービス選定・導入の考え方（クラウドIAMサービス）

アクセス制御（認可）を実現するためには、ユーザ認証と同様、クラウドIAMサービスが第一の選択肢となります。ゼロトラストにおいては、アクセス制御（認可）の中心軸となる動的アクセスポリシー機能を具備しており、さらにベースラインとして採用できるトラスト情報の組み合わせによって、構築しようとしているゼロトラストモデルにおけるユーザアクセスの要件（アクセス制御パターン）を実現できることが重要です。

運用上の留意点

これまで述べたトラストがすべて「静的」なものではなく「動的」に変わり得るものであったのと同様に、その元となる企業のユーザアクセス要件も動的に変わり得るものになります。そのため、動的アクセスポリシーは一度構成すればよいというものではありません。

企業の働き方や使用する端末の多様化、OSなどのソフトウェアのバージョンアップ、拠点の統廃合など、ユーザアクセス要件のもとになる業務要件やシステム要件が変更される可能性のあるイベントが発生するごとに、随時見直しと適正化を行う必要があります。これを怠ると、業務上アクセスが必要なケースでアクセスが拒否される、排除しないといけないケースでアクセスが許可されるといった事態が起こり得るため、注意が必要です。

4-3　**ネットワークセキュリティ**

　ネットワークセキュリティは、従来、オンプレミス環境と外部環境の境界におけるセキュリティ対策の中心的な位置付けにありました。ゼロトラストモデルにおいても境界防御は不要になるわけではなく、保護策として適切な実装があることが前提です。しかしながら、組織のIT活用形態によっては、ゼロトラストを進めていくにあたり、どのように境界を定義し、保護していくかのデザインを見直す必要があります。

　テレワーク推進などで多様化した環境から、クラウド利用拡大で分散化した情報資産へのアクセスに対応したネットワークソリューションは、新たなリスクに対応するセキュリティ機能に加え、インフラネットワークの要素も取り込み、SASE（Secure Access Service Edge）と呼ばれます。

　SASEは、ZTNA（Zero Trust Network Architect）に代表される主に外部からのインターネットベースのリモートアクセス機能、SWG（Secure Web Gateway）に代表される主に一般Webサイトを対象とした不正サイトとの通信の制御機能、および、CASB（Cloud Access Security Broker）に代表される主にクラウドサービスの可視化・統制機能に分類されます。

　これらはゼロトラストモデルに必要な要素ですが、すべてが同時に導入されるケースは比較的少ないように見受けられます。特に、クラウド活用に関連するセキュリティ対策（CASB等）の対応を後回しにするケースも見られますが、クラウドサービスの利用がさらに広がると推測されることも考慮し、将来を見越した導入計画を立てておくことが重要です。

ネットワークアクセスの動向

　クラウドサービスの利用増加に伴うインターネットのトラフィック増大により、従来のペリメタ型のネットワーク構成の場合、データセンター内のネットワーク回線・機器やセキュリティアプライアンスの増強を継続的に行う必要があり、ネットワークインフラやセキュリティにかかるコストは年々増加するこ

とが予想されています。そのため、インターネットアクセスをデータセンター内の設備で管理するには限界があると言えます。

　一方で、汎用機やスーパーコンピュータなどを利用したデータセンター内のオンプレミスのいわゆる基幹システムは、要求される性能や取り扱う情報の機密性の観点から、クラウドサービスへの移行には時間を要すると想定されています。そのため、データセンター内でのイントラネットアクセスの管理は当面継続する必要があります。

　このような背景から、テレワーク拡大によりしばらくの間は、「社外からオンプレミスシステムへのリモート接続」が増加すると考えられます。そこで、本書ではインターネット、イントラネットの双方へのアクセスを前提としたハイブリッド構成を念頭に置いて解説をします。

社外からのプライベートシステムへのアクセス

　従来、社外からのオンプレミスまたはクラウドのプライベートシステムへのアクセスでは、VPNを利用した方式が一般的かつ、セキュアな接続方式と認知されていました。例えば、データセンターにVPN接続して基幹アプリケーションを利用する、また、データセンター内のセキュリティアプライアンスやファイアウォールを経由してインターネット環境に接続することが一般的でした。しかしながら、VPN装置を外部公開する必要がある点や、利用ユーザ数の増加に伴って個別の通信許可設定が必要になる点で、セキュリティリスクを低減できているとは言えません。従来から存在するVPN接続のリスクの要因として、以下のようなものが挙げられます。

・**知識認証に頼った認証方式**

　VPNは、接続時にアカウントやパスワードなどの知識認証を利用した単要素による認証が一般的であり、何らかの原因で認証情報が漏えいした場合、または総当たり攻撃などにより容易に認証が突破されてしまう。

・**ユーザ、デバイスが信頼できるという前提**

　ユーザ属性や、アクセスの際に使用している端末を疑うことがないため、上

記の知識認証が突破された場合、信頼できないユーザや端末からのアクセスであっても無条件に許可されてしまう。

● 既知の脆弱性へのずさんな対応

過去に周知された脆弱性の対応を行っていない場合、悪意ある第三者から脆弱性を突かれ、「リモートから任意のコードが実行される」「任意のファイルを読み取り、機微情報が窃取される」などの攻撃を受ける可能性があります。特に、第2章で記載したJPCERT/CCの「複数のSSL-VPN製品の脆弱性に関する注意喚起」に掲載されているような重大な脆弱性を未対応にしていると、リスクが大きく増大します。

悪意ある第三者は、このようなリスク要因を悪用して、組織ネットワークに侵入し、水平展開（ラテラルムーブメント）を行い侵害可能なシステムやデータを狙います。また、IaaS/PaaSなどのクラウドワークロードで構成されるプライベートシステムについて自社データセンター経由でアクセスする構成となっている場合、侵害はIaaS/PaaSにまで及びます。

◆ プライベートシステムへのネットワークアクセス制御の機能

上記のようなリスクは、昨今のリモートワーク増加により急ごしらえのVPN環境を構築するシーンが増えたことで顕在化しています。また、VPNはインターネット回線を使用するため、冒頭で触れたようにネットワークインフラの問題もあります。そのため、VPNとは異なる方式でプライベートシステムへのアクセスを行う必要性が出てきており、その実現手段として注目を浴びている考え方がZTNA（Zero Trust Network Access）です。ZTNAは、インターネットベースですべての通信について監視し認証・認可するゼロトラストの基本的な考えをネットワークの構成に取り入れたものであり、接続時に1回のみ認証するVPNとは大きく異なります。

この考えを実装する技術の1つがIAP（Identity-Aware Proxy）と言われるアイデンティティー認識型プロキシです。IAPはユーザがアプリケーションに接続する際にアクセスを仲介するプロキシであり、IAMサービスと連携することで「すべてのアクセスについて都度認証・認可を行う」というゼロトラストの基本的な考えを実現します。また、IAPでは、4-2節で述べたIAMサービスが保有

第1章

第2章

第3章

第4章

第5章

第6章

Appendix

していた動的アクセスポリシーを使った条件付きアクセス制御（認可）の機能も
有しています（詳細イメージは4-2節参照）。IAPによって認証・認可をインター
ネットベースで自社のデータセンターやIaaS/PaaS環境に適用できるようにな
ることで、VPNからの脱却を図ることが可能となります。

• デバイス

　デバイス関連でアクセス制御に利用される条件は次のとおりです。

　　ーデバイスの通信元IPが通常の通信元IPと同一か（国外のIPから通信されて
　　　いないか）

　　ーデバイスのOSは、あらかじめ決められたOSか

　　ーOSのバージョンは最新、あるいは許可されたものか

　　ーデバイスにセキュリティソフトがインストールされているか

• ユーザ

　　ー普段サインインする時間帯とは、異なる時間帯のサインインか

　　ー入力したユーザIDやパスワードなどの資格情報が漏えいされていないか

　　ー既知の攻撃との類似性は確認されたか

◆ **製品・サービス選定の考え方（IAP）**

　IAPの選定・導入にあたっては、IAPを使用してアクセスするシステムまた
はアプリケーションの特質や、セキュリティベンダが提供している製品の特性
を踏まえることが重要です。

　Webアプリケーションのみ（HTTP/HTTPS通信のみ）利用するケースでは、
MicrosoftやGoogleが提供している、非エージェント型が推奨されます。デバ
イス側にエージェントを導入する必要が無く、導入・移行時の作業を軽量化す
ることが可能です。

　Webアプリケーション以外（HTTP/HTTPS通信以外）も利用するケースでは、
サードパーティベンダが提供している、エージェント型が推奨されます。なお、
例えばプリントサーバを利用するケースでは、エージェント型の採用が必須と
なります。

クラウドサービスへのインターネットアクセス

第1章
第2章
第3章
第4章
第5章
第6章
Appendix

Dropbox、Microsoft 365のSharePoint、Googleドライブなどのオンラインストレージ系のクラウドサービスの利用増加に伴い、SaaS環境を狙った不正アクセスや不注意による情報漏えいが多発するようになりました。そのため、SaaSのセキュリティ対策も、ゼロトラストモデルにおける重要な要求事項の1つと位置づけられるようになっています。

SaaSのうち、特にオンラインストレージ系は、ファイルサーバと同じく、職位や所属に応じたアクセス権限設定が求められます。また、外部企業とのコラボレーションにも活用されるケースが多く、ファイルサーバより、きめ細かい操作制限も求められます。なお、SaaS環境への通信遮断／許可の制御や、SaaSアプリケーションの操作に関する簡易的な制御であれば、プロキシや後述するSWGが具備している、URLフィルタリングの機能や、アプリケーションレベルでの簡易フィルタリング機能で対応可能ですが、上記のようなSaaSアプリケーションの操作内容やアクセス先のデータの内容に応じた詳細レベルの制御は行えないのが現状です。

◆ クラウドネットワークアクセス制御の機能

そこで必要性を増しているのが、CASB（Cloud Access Security Broker）という技術です。CASBは、SaaSなどのクラウドサービスへの通信の中身を解析し、クラウドサービスのリスクレベルや利用状況を可視化し、アクセスに対するきめ細かい制御を行うのが、主な役割です。さらに、後述するInline方式でのアクセス制御をより強力にサポートする機能として、脅威対策やネットワーク型DLPの機能も有しています。

このように、セキュリティを確保しながら、協業先、取引先とのコラボレーションを可能にし、効率も損なわない効果があります。

● クラウドサービスのリスク評価

アクセス先のクラウドサービスの安全性についてさまざまな指標からリスクスコアを算出し、後続のアクセス制御の材料とします。

・利用状況の可視化と制御

　クラウドサービスへの通信の中身を解析し、クラウドサービスの利用状況を可視化し、サービスの特性に応じたきめ細かい制御を行います。

・脅威対策

　マルウェアなどの脅威を含んだファイルを検知しアップロードやダウンロードが行われた際に、通信を遮断し、ファイルの隔離を行います。

・ネットワーク型DLP

　あらかじめ重要情報に関連する文字列のパターンや画像を、監視対象として定義し、操作対象のファイルが定義と一致した場合、検知、または通信遮断を行います。重要情報に関連する文字列は、あらかじめベンダー側で定義している情報（保険証番号等）に加えて、ユーザ側で正規表現などを用いて定義することも可能です。

◆クラウドネットワークアクセス制御の実装方式

　CASBには目的に応じた方式が用意されています（図4-11〜図4-13）。

・API方式

　クラウドサービス上に保存されているファイルなどについて、クラウドサービス提供会社が用意するAPIを経由してCASB側から実行指示を行うことで、詳細なアクセス権限の設定やデータ保存の制御を実現します。

・Inline方式

　端末とクラウドサービス間の経路にインラインで接続する構成により、CASBで定義した詳細なルールに沿った通信の制御が可能です。インラインのため接続先クラウドサービスの種類を選ばず、非認可SaaS宛ての通信の遮断や、認可SaaS宛てのアクセスに対して詳細な制御を実現します。前項で述べたように脅威対策やDLPの機能も実装できます。

○図4-11：API方式

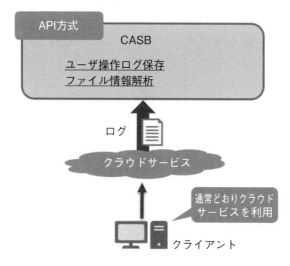

○図4-12：Inline方式

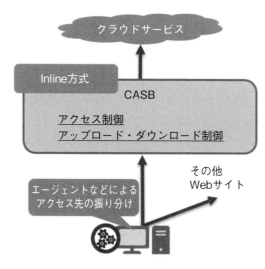

○図4-13：ログ分析方式

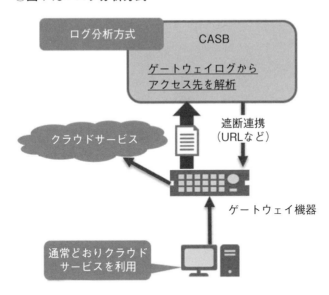

ログ分析方式　CASB

ゲートウェイログから
アクセス先を解析

クラウドサービス

遮断連携
（URLなど）

ゲートウェイ機器

通常どおりクラウド
サービスを利用

・ログ分析方式

　現状の通信状況を可視化することを主な目的とした方式であり、既存のFWやプロキシサーバのログをCASBにUploadし、解析することでシャドーITの検出が可能となります。

◆製品／サービス選定の考え方（CASB）

　CASBの選定・導入にあたっては、まずはSaaS環境を利用するにあたり想定されるリスクを特定・分析し、必要となる対策を実現できる機能が対応している製品や実装方式を決定します。先行して検討または導入されているSWG（先行しているケースがほとんどです）やデータセンター内の既存のプロキシやファイアウォールとの機能の相性も考慮する必要もあります。

　実装方式のうち、API方式／ログ分析方式ではSWG製品による制約は気にせ

ずに選定することが可能です。Inline方式では、先行して検討または導入されているSWGとの連携（多段構成）の可否を確認し、連携できない場合はSWGの仕様に合わせる、またはSWGの機能をCASBに合わせる必要があります。

なお、CASBは導入前の環境においては類似するサービスがないことがほとんどであるため、導入によって新たに解決できるセキュリティリスクについて関係者を納得させ、その重要性を認識してもらうことが必要です。

一般Webサイトへのインターネットアクセス

プロキシやサンドボックスのような一般Webサイト向けのセキュリティ機能は、ゼロトラストモデルにおいても有効となります。基本的には従来機能と同じものが多いですが、IAMサービスと連携して認証・認可に対応できるような機能や、クラウドサービスの簡易制御が求められます。

◆一般Webサイトへのネットワークアクセス制御の機能

ゼロトラストモデルのWebアクセスのセキュリティを担うのは、従来、オンプレミスのDCに集約していた当該機能を、クラウドサービスとして提供するSWG（Secure Web Gateway）であり、以下のような機能を有します。

・Webフィルタリング

URL、通信元IP、通信先IP、および宛先サイトのカテゴリによるフィルタリング機能により、通信制御が可能です。サイバーセキュリティ観点、およびコンプライアンス観点で通信ブロックするケースや、「コンプライアンス上全社的にブロックしているが、特定部署についてはアクセスを許可するケース」など、企業のルールに応じて柔軟に通信制御することが可能です。

一方、柔軟に登録できてしまうがゆえに、プロキシのルールが膨大になり、煩雑化してしまうケースも考えられます。

後述の製品選定における運用観点の節に記載しますが、宛先のドメインやIPアドレスから動的に算出した脅威レベルを指定して、通信制御できる製品も増えてきています。当該機能による制御を取り入れることで、ポリシー適用の即時性、および運用作業の効率性を向上させることが可能です。昨今では、IDaaS

連携によるユーザ認証や、エージェント経由でデバイスの健康状態を連携したデバイス認証など、通信元の確からしさも踏まえて、動的に通信制御を可能とする製品もでてきました。

● テナント制御

また、企業として許可したクラウドサービスのテナントのみ通信許可する「テナント制御」の機能も、SWGに必須と言ってよいほど、求められる要件の1つと言えます。

● ウィルスチェック

既知のウィルス情報が登録されたシグニチャとの一致度を確認する従来型のチェック機能です。後述のSSL終端の機能と組み合わせることにより、SSL通信を悪用した脅威についても検知することが可能になります。一方で、未知のウィルスには対応できないため、サンドボックスのように振舞いを検知する機能と併せて利用する必要があります。

● Web無害化

宛先からの応答をHTML形式で描写し、サイトやファイルに不正なスクリプトが組み込まれていても回避することが可能です。

● サンドボックス

システム本体から切り離された仮想的な環境でプログラムを実行させ、振る舞いをチェックして脅威の有無を判定する機能です。シグニチャ型(パターンマッチング)ではないため、既知のマルウェアを模倣した亜種の未知マルウェアについても、検知することができます。検知後、プロキシ機能と連携し、通信をブロックすることにより、マルウェアのエンドポイントへの着弾を未然に防ぐことができます。ただし、マルウェアの種類によってはサンドボックスの環境下では動作せず、サンドボックスのチェックを通過するものも存在しており、マルウェア対策は、エンドポイントでも行い、多層で行うことが重要です。

・脅威レベルの自動判定

宛先ドメインやロケーション情報、IPレンジ、およびセキュリティインテリジェンスにより、宛先の脅威レベルを動的に算出する機能です。自動判定した値を基に、フィルタリングすることも可能なため、外部機関から受領したIOCや、他社セキュリティインシデントを基に、プロキシなどに登録するブラックリストに依存することなく、未知の脅威を持ったWebサイトへのアクセスを防ぐことができます。

・SSL終端

SSL通信を復号し、ペイロード部分についてもウィルスチェック、サンドボックス処理が可能となり、従来対応できていないSSLを悪用した不正（不正コンテンツを送り付ける等）を未然に防ぐことが可能です。

SSL終端は、オンプレミスの機器で行うと、復号による通信量増加やプロキシサーバへの負荷増大などの影響試算が難しく、オーバースペック気味な機器増強を余儀なくされます。しかしながら、SWGはクラウドサービスのためリソースを利用者側で考慮する必要がなく、無駄なリソース増強を行わなくてもSSL終端を実現できます。このため、オンプレミス環境でのSSL終端を検討している場合は、SWG移行後の実施が推奨されます。

・出口IP問題への対策

SWG導入により、宛先から見たソースIP（SWGから見た出口IP）が、SWGが保有するIPアドレスレンジ内で、動的に変化するため、ソースIPアドレスにて、通信許可を行っていたサイトへのアクセス不可が懸念されます。このため、ソースIPアドレスにて、通信許可を行っているサイト宛の通信をクラウド上のサーバ経由でアクセスさせ、出口IPを固定化する対策が必要となります。

◆製品・サービス選定・導入の考え方（SWG）

SWGの選定・導入にあたっては、上述した機能を豊富に揃えており、旧来からWebセキュリティを提供してきた実績のある製品を選定することが重要です。例えば、SSL終端機能は非常に重要な機能ですが、具備していない商品もあります。

　また、Webアクセスの観点で、昨今のIT環境の変化点に追随する機能(テナント制御や未知の脅威に対する施策)が機能として含まれていることも見逃せません。加えて、後続の節とも重複しますが他のSASE機能と比較してもSWGに含まれる機能は、ほとんど旧来のネットワークセキュリティにおいてもデータセンターに配置されているため、既存の保守・運用体制があります。そのため選定候補の製品・サービスがこれまでの保守・運用レベルに耐えられるかを確認する必要もあります。

ネットワークセキュリティ全体のサービス設計

　ネットワークセキュリティのサービス設計をする際は、一般的なシステム導入と同じように機能・運用の両面で要件を整理する必要があります。

○図4-14：各製品・サ　ビスの状況

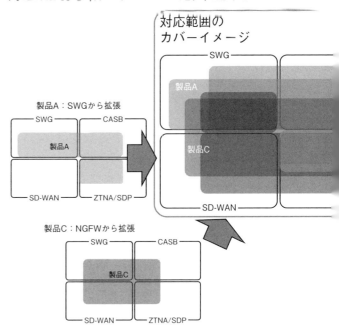

◆機能面のサービス設計

ネットワークセキュリティは、本項で解説したIAP、CASB、SWGのほかにSD-WANも含む合計4領域を包含しており、すべての分野を網羅している製品は現状存在しておらず、各製品・サービスが全領域のカバーを視野に機能を拡大中している過渡期にあります(**図4-14**)。製品導入後のユースケースから要件を整理し、それぞれの製品の得意分野を把握したうえで、要件と合致するサービスを選定することが重要と言えます。

◆運用面のサービス設計

ネットワークセキュリティ運用も、一般的な運用と同じく有事と平時に分類されますが、IAP、CASB、SWG、およびSD-WANの共通点・相違点を押さえつつ、既存のネットワーク運用・保守と平仄を合わせて全体設計する必要があります。

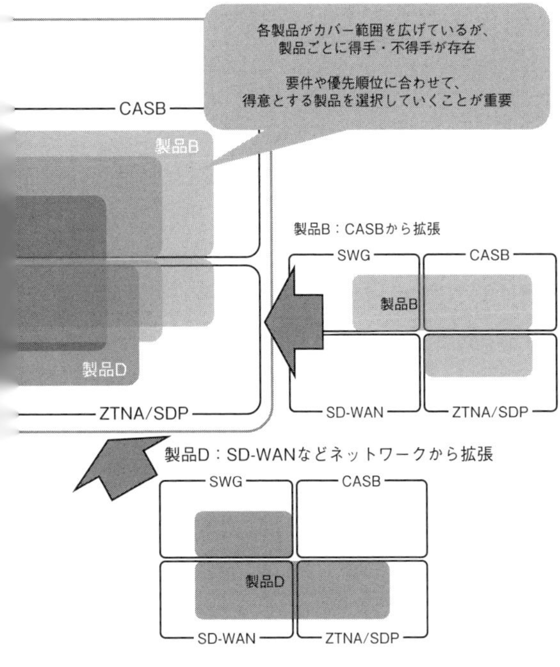

・有事運用

　例えばSWGのサンドボックスでマルウェアを検出した、CASBでリスクの高いサイトへの参照リクエストやシャドーITへのアクセスをブロックした、などの事象が検知されたあとに、誰にどのような方法で連絡を入れるのかを事前に決めておく必要があります。

　また、クラウドサービスの保守・運用ではベンダーからはメール連絡が主となるので、即時連絡が必要な場合は、あらかじめ、ベンダーSOCと調整しながら仕組みや連絡フローを整備し、保守・運用チームへの引継ぎを入念に行う必要があります。

・平時運用

　日々入手するIoC情報を基に、Proxyのブラックリスト情報を登録されている企業は依然として多い状況です。このように高頻度で行う作業は、ポリシー全体のバックアップや、ポリシー登録方法など、手順レベルでゼロトラサービスでも再現性が可能か確認する必要があります。再現不可能であっても、運用部門と早めに相談、認識合わせをすることで、別案の検討期間などにも充てられます。

4-4　エンドポイントセキュリティ

　エンドポイントとは、通信回線や各種ネットワーク機器の末端に接続されたデータを保有する端末やコンピュータリソースの総称です。いわゆるクライアント端末（＝デバイス）を指すことが多いですが、広義にはサーバ機器やクラウドのワークロードも含みます。第1章と第2章でも紹介したように、システムの全体構成においてさまざまなサイバー攻撃や内部不正の脅威シナリオにおける最初の着弾ポイントとして、セキュリティ侵害の直接的な入り口になります。

　従来、企業のエンドポイントは、社内ネットワークに環境に設置されている端末群を指すことが一般的でしたが、ゼロトラストに対応した環境においては、さまざまな場所でさまざまな種類や状態のエンドポイントが業務に使用されま

す。そのため、着弾ポイントは多様化し、脆弱性管理やマルウェア対策が行き
届かなくなり、不正な端末を設置されるリスクも出てきます。

　このように、十分に管理されていない端末（デバイスやワークロード）が存在
すると、脅威に対して脆弱なエンドポイント環境となってしまいます。そのた
め、本節ではゼロトラスト環境での脅威に対応できるエンドポイント環境を構
築していく流れと対策機能について解説します。

　なお、本項ではエンドポイントのうちどの企業でも共通して検討することに
なる端末（デバイス）に絞って解説しますが、クラウド基盤を業務に活用する組
織ではクラウドワークロードでも同じような観点で、ワークロードセキュリティ
として対策をする必要があります。そちらはコラムで詳述しますので、本節は
デバイス・セキュリティについて説明します。

エンドポイントセキュリティの全体像

　エンドポイント・セキュリティには、まずは「予防的統制」として、端末資産
の情報・状態を能動的かつリアルタイムに収集し、最適な設定で堅牢化して管
理する機能が求められます（図4-15）。ゼロトラスト環境においては、SASEの
一部として4-2節で述べたIAMサービスや4-3節で述べたネットワークセキュ
リティと連携して認証・可認を支援する機能も含まれます。

　次に「発見的統制」として、シグネチャや振る舞いで異常を検出し、脅威を隔
離する機能や、端末の挙動をログとして収集して迅速なインシデント調査・復
旧を可能にする機能が求められます。

　さらに、ゼロトラスト環境では働く環境が多様化することで端末の把握や運
用管理が煩雑になるため、可能な限り自動化・統合化して運用・保守にかかる
負荷を減らす工夫も重要となってきます。

第1章

第2章

第3章

第4章

第5章

第6章

Appendix

133

○図4-15：エンドポイントセキュリティの全体像

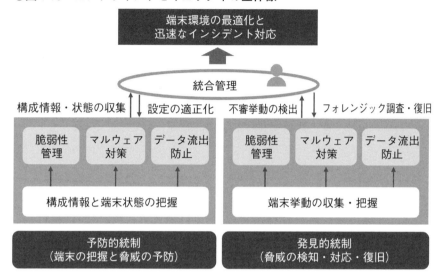

第1章
第2章
第3章
第4章
第5章
第6章
Appendix

Column

クラウドワークロードの
セキュリティ対策

　クラウドサービスの利用範囲の拡大に伴い、どのようにセキュリティの統制を行うかは、多くの組織の優先対応課題になっています。CSPM（Cloud Security Posture Management；クラウドセキュリティ態勢）は、本課題のソリューションとして注目されています。

　IaaS/PaaSを利用開始する時点でセキュリティ統制をどのように行うかを検討し、CSPMを導入し、システム的に対応することはベストプラクティスとなっています。CSPMは、API連携によってIaaSやPaaSといったパブリッククラウドの設定を自動的に確認することが可能であり、この機能を活用することで設定ミスによる公開範囲の誤りがないかの確認や各種セキュリティガイドラインなどへの違反がないかのチェックができます（**図4-C**）。

　CSPMソリューションは、クラウドサービス事業者がサービスの一部として提供する場合と、サードパーティベンダーより提供される場合がありますが、いずれもSaaS型のクラウドサービスとして提供されます。サービスにより提供機能は異なりますが、主な特徴は以下となります。

◆マルチクラウド、マルチアカウントを一元管理する

　サードパーティ製品の中には、複数のクラウドサービス事業者をサポートし、マルチクラウド環境を1つの管理コンソールから管理することが可能です。シングルクラウドの場合も、プロジェクトやシステム毎に分かれたクラウドアカウントを管理コンソールから一元管理することが可能です。

◆既成のチェックルールによりクラウドの設定状況を確認する

　製品ベンダーにより予め多数の設定チェックのルール用意されており、また定期的にルールの見直しや追加が行われます。これらルールにはIaaS/PaaSを安全に利用するためのベストプラクティスも含まれています。自組織でどのような設定がセキュリティ強化の観点で正しいかのフルセットの作成には多く

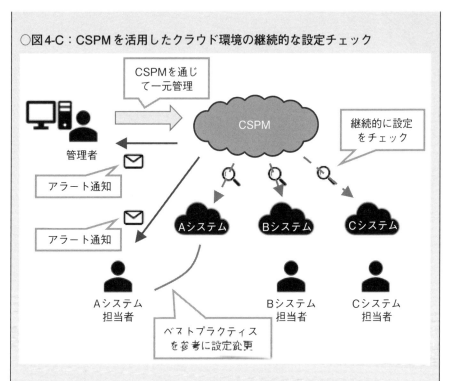

○図4-C：CSPMを活用したクラウド環境の継続的な設定チェック

の時間を要するため、あらかじめ設定されているものを利用することで、ユーザは効率的に設定チェックを行うことができます。

◆カスタムルールにより独自要件をチェックする
　組織固有の個別の要件に対してチェックを行えるようチェックルールをカスタマイズできる機能を提供しています。この機能を活用することで、具体的な条件による設定チェックを行うことができるようになります。

◆ガイドラインへの対応確認を効率化する
　あらかじめ用意されたルールとPCI DSSやCISベンチマークなどのガイドラインの紐づけを行います。ガイドラインの項目に該当する既成のルールを活用することで、従来手作業で対応していた年次監査等を自動化するなど効率化することが可能です。

◆ルール違反を検出してアラート通知する

　設定チェックで違反を検出した際、アラート通知する機能を提供することで、故意・過失に関わらず、ルールに違反した設定変更の発見までにかかる時間を短縮することができます。さらに、「誰が・いつ・どのように」設定を変更したかも確認が可能となります。また、違反した設定が行われた際、自動で設定修正する機能を持ったソリューションもあります。

資産管理（端末資産を漏れなく把握して管理）

　エンドポイントのセキュリティ対策を講じるにあたり、まずは自社で利用する端末を把握することから始めます。どれだけ有効な対策を検討したとしても、その存在を把握していなければ対策の対象外となるためです。

　さらに、サイバー攻撃では「組織の中でもっとも脆弱な箇所が狙われやすい」という性質があるため、どのような種別や用途の端末が存在しているかを把握しておくことは、セキュリティが十分でない端末を残さないための前提条件であり、対策を講じる前に実施すべき施策となります。なお、ここで記載する端末とは「企業の情報資産にアクセスできるデバイス」を指しており、昨今では組織内で多種多様なものが存在します。

　従業員に貸与しているOA業務用の端末や開発・運用業務で利用している端末などのほかに、会社貸与のスマートフォンやタブレット、PCが壊れたときの予備機などがあります。また、リモートアクセス専用の端末や個人所有のパソコン（BYOD）が業務に利用され、管理台帳に記載されない端末も増えています。ゼロトラスト環境への移行検討を機に、端末資産が適切に把握されているかいま一度見直してみることをお勧めします。

◆端末の資産情報を収集して管理する機能
・端末資産の把握

　まずは組織で利用する端末の所在と属性を識別します。業務を遂行する部署の管理者ごとに資産管理責任を持たせ、具体的な管理項目を定義してアンケー

ト調査などによって把握します。管理項目は、例えば、端末を一意に特定する
シリアルナンバー、コンピュータ名や利用者、脆弱性の管理に有効な機種/OS
やサポート期限、端末の固有リスクを評価するための利用目的、セキュリティ
対策ソフトなどです。組織ごとに「何のためにその情報を管理するか？」を明確
にすることで部署の協力を得やすくなります。

・未管理端末の制御

　端末資産把握の結果をもとに、情報資産ごとにアクセスが必要でない端末を
識別し、アクセスを制限します。一般的にはクライアント証明書や、接続元の

○図4-16：未管理端末のアクセス防止、能動的発見イメージ

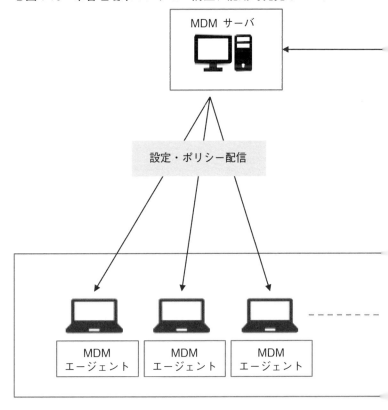

端末のIPアドレスで使って実現しますが、大規模な組織では対応負荷・対応漏れを防止するために資産管理ツールなどで自動化することも効果的です。例えば、MDMなどの資産管理ツールを導入して端末資産情報をID管理基盤と連携して4-2節、4-3節で解説した動的アクセスポリシーを構成させることで、未管理端末からのアクセスを拒否することができます。

• 未管理端末の発見

　社内ネットワーク上に未管理の端末が存在する場合、その脆弱な端末が不正にアクセスされ、脅威が拡大することが懸念されます。そのため、未管理の端

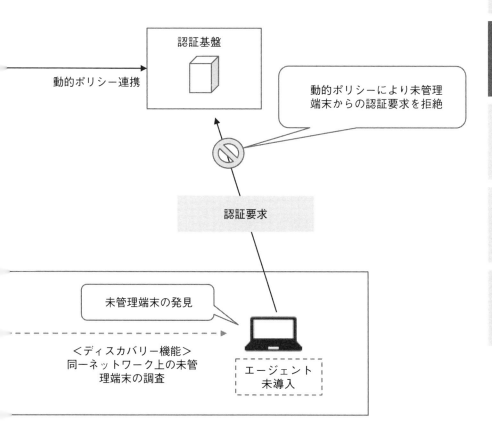

末を能動的に調査することが必要となります。例えば、端末に導入した資産管理ツールでネットワーク通信情報を収集することで、同一ネットワーク上の端末を検索し、想定外の端末から通信が発生していないかを調査することが考えられます。

管理端末の最適化（組織のポリシーに従い、管理端末の状態を最適化）

　組織で管理すべき端末を把握したら、次は脅威を防止するために組織にとって適切なセキュリティポリシーを漏れなく適用します（**表4-8**）。例えば、推奨のOS設定や標準ソフトウェアの配信、セキュリティパッチの適用、アプリケーションの起動制限や外部媒体の利用制限の設定を実施します。ハードディスクの暗号化やリモートワイプ機能の有効化も含まれます。

　これらの設定により、端末の脆弱性を突いた不正アクセスや、端末の紛失・盗難時の情報漏えいなどのリスクを防止することができます。なお、ポリシーを個別に適用・管理することは現実的ではないため、一般的にはActive Directoryのグループポリシーや資産管理ツールで実現します。

　ここまでに紹介した資産管理ツールのうち、主にノートPCや携帯電話などのモバイル端末についての制御と一元管理を行う製品カテゴリを一般的にMDM（Mobile Device Management）/MAM（Mobile Application Management）と呼び、上述したように、デバイス情報や端末操作ログなどを収集して端末状態を可視化し、組織のポリシー適用やセキュリティパッチ／ソフトウェアの配信、アプリケーションや外部媒体の制限など端末を最適に維持するためのさまざまな機能を有します。ゼロトラスト環境においては、ID管理基盤と連携して認証・認可を支援する機能も重要となります。

◆製品・サービス選定・導入の考え方（MDM/MAM）

　まず、自組織で利用しているデバイスの機種やOSに対応していることが必要となります。また設定配信機能においては具体的に配信可能な設定項目が充実しているかを確認します。アプリケーション配信などの機能においては、配信可能なファイル形式や配信スケジュール設定の柔軟性などを考慮して選定し

○表4-8：セキュリティポリシーの適用例

機能名	説明
設定の配信	OSの設定内容を端末に配信する。設定値は社内セキュリティ規定やベンダーの推奨設定、CIS Benchmarksなどの外部ベンチマークを参考にする。現在、認証基盤のグループポリシーで実現している場合はMDM同などの設定ができるかも確認する
ソフトウェア配信	組織のセキュリティポリシーに準拠した共通ソフトウェアを自動的にインストールする（例：業務で使用するクライアントアプリケーション、資産管理ツール、アンチウィルス製品など）
セキュリティパッチ配信	端末OSに脆弱性が発見された時にセキュリティパッチを強制適用し、セキュアな環境を維持する
アプリケーション制御	アプリケーションごとにインストールや実行を制御する。端末で利用可能なアプリケーションを組織のポリシーに従った安全なものに制限し、情報漏えいや不正プログラム侵入のリスクを低減する
ハードディスク暗号化	主に紛失・盗難時の情報漏えいへの対策として、ユーザがログオフ／シャットダウンする際に、端末のデータをハードディスクごと暗号化する
リモートワイプ	端末の紛失時に被害拡大を速やかに防止するため、位置情報の把握、リモートでのロック／解除、データ消去（ワイプ）の機能を提供する
認証基盤との連携	端末や利用者の情報を認証基盤に登録して連携させ、さまざまな制御・管理に使用する（例：企業ドメインに参加する際に企業のポリシーが適用されていない場合に認証を拒絶するなど）

第1章

第2章

第3章

第4章

第5章

第6章

Appendix

ます。

　他の導入済みソリューションとの機能連携の相性や機能重複の有無の確認がポイントです。例えば、4-3節で解説したSASE製品と連携してどのようなことが実現できるか、後述するEPP、EDR、DLPの機能とどのように住み分けをしてMDM/MAMとして持たせるべき機能を絞るか、などを検討して機能設計を行います。また、自社のIT環境や業務形態に合わせて効率的に運用できることや、自組織で利用する端末種別に漏れなく対応できることもポイントとなります。

ウィルス対策

　組織のポリシーに沿って端末を最適に管理される状態にできたら、次はマルウェアなどのさまざまな外部脅威から端末を保護する機能を実装します。ウィルス対策ソフトは、メール添付ファイルの検証、悪意あるWebサイトへの誘導、不正ソフトウェアのインストールなどさまざまな経路で組織に侵入するマルウェアを検出し、ブロックします。

◆ マルウェアからエンドポイントを保護する機能

　ウィルス対策の仕組みは、シグネチャ検知と振る舞い検知に分かれ、どこまでの機能を有しているかによって、従来型ウィルス対策ソフト（レガシーAV）または次世代型ウィルス対策ソフト（NGAV）などと呼ばれています。これらの機能を幅広く有するソリューションは、EPP（Endpoint Protection Platform；エンドポイント保護プラットフォーム）と呼ばれ、後述するEDRと併せてエンドポイントをマルウェアなどの脅威から防御するうえで重要な役割を果たします。

• 従来型ウィルス対策ソフト（シグネチャ検知）

　マルウェアが端末のディスクに書き込まれる際にリアルタイムにファイルのスキャンを行い、既知のマルウェアに一致するかを判断してファイル実行のブロックやファイルの除去を実施します。パターン検知型とも呼ばれます。

　既知のマルウェア情報はウィルス定義ファイル（シグネチャ／パターンファイルとも呼ぶ）形式で提供され、端末へ定期的に取り込むことで新しいマルウェアを検出できます。しかしながら、既知のマルウェアを修正した亜種や、ファイル実態を持たないマルウェアなど、ウィルス定義ファイルに合致しない未知の脅威に関しては無力となります。

• 次世代型ウィルス対策ソフト（シグネチャ検知＋振る舞い検知）

　従来型のウィルス対策機能に加え、マルウェアや攻撃者の操作による端末の不審な挙動や内部通信をもとに未知のマルウェアを検出する振る舞い検知の仕組みを有するものを、次世代型ウィルス対策ソフトと呼びます。

　振る舞い検知では、マルウェアに関する膨大なデータと機械学習などの技術

を用いてファイルそのものだけでなく実行時の挙動でも悪性かどうかを判定します。さらに、近年ではファイルレス攻撃と呼ばれる、PowerShellなどのWindows標準機能を用いた攻撃に対応した製品も登場しています。

◆ IOCとIOA

マルウェアによる攻撃が行われた際、端末を侵害した痕跡が残ります。この情報をIOC（Indicator of Comproise；侵害の痕跡）と呼び、マルウェアそのものだけでなく、ファイルのシグネチャやハッシュ値、侵害された端末を攻撃者がリモート操作する際のログ、通信先のIPアドレスの情報などが含まれます。従来型ウィルス対策ソフトではこのIOCによりマルウェアを検出することが一般的でしたが、侵害の痕跡が残っていることが検知の前提のリアクティブな対策となります。そのため、例えば、ディスク書き込みが行われずメモリ上で実行されるファイルレス攻撃のようなケースは検出が難しく、メモリ上をスキャンできる製品であっても、スキャンされる前に痕跡自体を攻撃者に削除される可能性があります。

これに対して注目されているのが、攻撃成功までの一連の行動の痕跡であるIOA（Indicator of Attack；攻撃の痕跡）です。マルウェア自体は検知されていなくともユーザ情報を収集するような特定のコードの実行や、不正なソフトウェアのインストール、端末の侵害後に感染を拡大するためのIPスキャンの実行などを攻撃成功の予兆として捉え、未然に防止することができます。OSのプロセスの挙動などの詳細な情報収集の機能や、僅かな予兆を分析して対処するための運用の仕組みも必要となりますが、IOCとは違ってプロアクティブに端末の侵害を防止することが可能となるため、次世代型ウィルス対策ソフトを中心に活用が進んでいます。

◆ 製品・サービス選定・導入の考え方（EPP）

ゼロトラスト環境においては端末が直接インターネットに接続する環境が増えるため、マルウェアの脅威に晒される機会が増加します。そのため、シグネチャ検知だけではなく、機械学習を用いた振る舞い検知や、ファイルレス攻撃などの攻撃手法を検出できる機能が必要になります。また新たな攻撃情報をクラウドから端末へ迅速に展開する機能や、スキャン結果を可視化するレポーティ

第1章

第2章

第3章

第4章

第5章

第6章

Appendix

ング機能を有していることも重要となります。さらに、運用・利用面では、ス
キャン実行スケジュールを柔軟に設定できること(リアルタイムスキャン、オン
デマンドスキャン)や、スキャン実行時のリソース消費が端末スペックに対し十
分であること、ウィルス定義ファイルを常に最新化できるように業務を設計で
きることもポイントです。

　なお、ウィルス対策ソフトでは暗号化されたファイルはスキャンできないた
め、マルウェア対策の観点ではいわゆるPPAP注2は推奨されず、安全なオンラ
インストレージ経由でファイルをやりとりする情報の連携が推奨されます。

脅威の発見と調査・対応

　ここまでの予防的統制をどれだけ実施しても、セキュリティインシデントが
発生する可能性はゼロにはなりません。例えば、脆弱性管理をこまめに行って
いる端末であっても、発見されたばかりの脆弱性を修正するセキュリティパッ
チがリリースされる前にその脆弱性を悪用した不正アクセス(ゼロデイ攻撃)や、
既知のウィルスパターン定義ファイルに合致しない未知のマルウェアなど、エ
ンドポイントでの対策が最新化されるまでの間隙を縫ったサイバー攻撃は予防
しきれません。加えて、アンチウィルスで検出できない高度な攻撃手法を具備
するマルウェアや、大規模な損害をもたらす可標的型ランサムウェアなどにつ
いては、侵害後の被害拡大を迅速に封じ込める観点のほうが重要となります。

　そこで、セキュリティインシデントが発生する前提で各エンドポイントの挙
動を常時記録しておき、脅威を確実に検出して分析し、迅速かつ詳細に調査・
復旧を行うことのできるインシデント対応の一連の機能が必要となります。

◆端末ログから脅威を検出し、調査・対応を支援する機能

　これら機能を実現するソリューションにEDR(Endpoint Detection and
Recovery)が挙げられます(図4-17)。テレワーク普及やゼロトラストへの移行
に伴い各企業での導入が加速しています。ゼロトラストモデルにおいては、EDR
が収集したエンドポイントの脅威スコアを認証基盤やSASE製品に連携するこ

注2）パスワード付きZIP形式で暗号化したファイルをメールに添付して送信し、復号パスワードを別メールで送
　　付すること

とで、4-2節で述べた動的アクセスポリシーによる条件付きアクセス制御の一部を構成することができ、エンドポイントセキュリティの中では、EPP、MDM/MAMと並んで重要な役割を果たします。

　また、MITRE ATT＆CK Framework^{注3}に定義されたサイバー攻撃の特徴的な挙動や、第1章と第2章で紹介したサイバー攻撃のうちエンドポイントを侵害する事例に、幅広く対応することができます。

● 端末の動作ログ収集

　脅威の検出や詳細なフォレンジック調査のためには、まずエンドポイント上での詳細なログが必要となります。ユーザモードまたはカーネルモードで動作するプロセスの動作ログ、ユーザのコマンド入力操作のログなど、端末の挙動（動作ログ）を詳細に記録します。ログは膨大な量となるため一般的にはクラウド上で保管されます。保管期間は企業によりさまざまですが、インシデントの調査を目的とした場合、1ヵ月が目安となります。

● 脅威の検知・分析

　端末の動作のログを分析し、エンドポイントの脅威を検出します。AIや機械学習を用いてIOAベースで脅威データベースと突合することにより、高い精度でインシデントの発生、または兆候を検出できることが理想です。検知結果や端末の状態を可視化するダッシュボード機能も有益です。

● 脅威の隔離・復旧

　被害拡大を防止するために、端末との通信をリモートから論理的に遮断する遠隔隔離機能や、隔離された端末の調査完了後に速やかに元の通信状態に戻す復旧機能などもインシデント対応に欠かせないものと言えます。

● フォレンジック調査の支援

　端末の動作ログそのものは可視性が低く、調査にも時間がかかります。そのため、迅速に原因・影響を究明するうえで、端末の動作ログを使ってフォレン

注3）実際に観測された攻撃者の戦術とテクニックをまとめたフレームワーク。米国の非営利組織であるMITRE社が発行。

○図4-17：端末の把握と脅威の予防

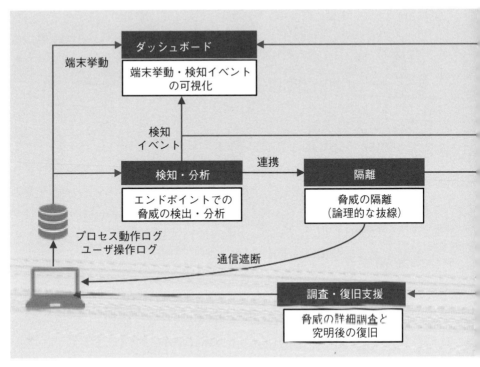

ジック調査をスムーズに行う機能も不可欠になります。攻撃者の行動の時系列表示、侵害経路の可視化、各種条件での動作ログ検索などができることや、ユーザインタフェースの直感的な分かりやすさや、専門的な調査に必要な高度なログ検索ができることが理想です。

◆ 製品／サービス選定・導入の考え方（EDR）

　ゼロトラスト環境では端末がマルウェアの脅威に晒される機会が増加し、それに伴って実際に侵害が発生するリスクも増大します。そのため、選定にあたっては、侵害発生時の挙動をOSのカーネルレベルでログとして収集・記録できること、記録したログから一連の不審な挙動を過去に遡って時系列でわかりやすく可視化して調査できること、EPPやSWGと連携して脅威を分析できるこ

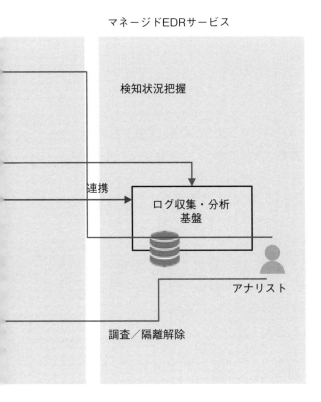

マネージドEDRサービス

検知状況把握

連携

ログ収集・分析
基盤

アナリスト

調査／隔離解除

第1章

第2章

第3章

第4章

第5章

第6章

Appendix

と、ログを取得しても端末に過度なリソースを消費しないことが主なポイント
となります。また、ゼロトラストの観点では、IAMサービスやIAP、SWGな
どと連携して動的アクセスポリシーを柔軟に構成できることが重要になります。

◆運用上の考慮点

EDRで検出した侵害の挙動を迅速に検出して効率的に対処できる運用を早い
段階から設計していざインシデントを検知した際にスムーズに各所が連携して
対応できるように訓練しておくことが重要となります。なお、EPPと違って詳
細な端末ログを分析・調査する必要があるため、EDRを活用してフォレンジッ
ク知識を有するアナリストがインシデント対応を広くサポートするマネージド
サービスを利用することが一般的です。

データ漏えい防止（エンドポイント型DLP）

　セキュリティインシデントが発生した際の被害の1つとして、情報漏えいが挙げられます。ここでは端末上に保管された機密データに着眼し、サイバー攻撃または内部不正によりデータが外部流出するリスクを低減する機能について解説します。

　端末からの情報漏えいを防ぐ手段の1つに、漏えい経路の遮断があります。例えば、社内ネットワークからの隔離、入退室管理による物理的アクセス制限、クラウドストレージへのアップロード制限などがあり、ゼロトラスト環境においては4-3節で解説したSASEソリューションでも実現することができます。

　しかしながら、現実的には端末はある程度自由なインターネット利用や、業務上必要な各種社内システムや外部クラウドサービスとアクセスできる通信経路を保有していることが大半で、攻撃者は端末からこれらの通信経路やアクセス権限を悪用して機密情報の窃取と持ち出しを試みます。そのため、通信経路の遮断に加えて、データそのものに制御を行い、情報漏えいを水際で食い止める対策を検討する必要が出てきます。

◆端末のデータ利用を制御する機能

　ラベリングされた特定のデータ（ファイルや文字列等）に対して各種制御を行う製品をDLP（Data Loss Prevention；データ漏えい防止）と総称しますが、エンドポイントセキュリティとして端末に導入して主に端末内のデータに対して制御を行うタイプの製品をエンドポイント型DLPと呼びます。機密情報や個人情報を含むファイルに対する端末操作を制御・記録することで情報漏えいリスクを低減することができます。

　なお、下記に説明するうちデータの識別・ラベリング機能やネットワーク上の追跡機能は、主にネットワーク型DLP製品で提供されることが多い機能です。

・データの識別とラベリング

　まずは、組織にとって重要な情報を識別し、該当するデータにラベリング（マーキングとも呼ぶ）を行います。一般的には、手動または自動でファイルに

メタ情報を付与することで実現します。手動ラベリングはシンプルな反面、対象の情報が増えると運用負荷が高くなり、データ管理者のリテラシも必要になります。そのため、ある程度の規模の組織では自動ラベリングが推奨されます。

　例えば、クレジットカード番号を含むファイル、ファイル名に「機密情報」の文字列を含むファイル、顧客IDや電話番号などが一定以上含まれるファイルなど、組織にとってリスクが高い情報を絞り込むルールを事前に設定しておくことで、該当データに自動でラベル付けをすることができます。

● ラベリングされた情報の制御

　ラベリングされたデータについて、端末へのダウンロードや端末から外部媒体への書き込み、印刷などを制限します。制御できる情報はファイル形式のものに限られず、クリップボードなどのメモリ上にコピーしたデータを外部環境へ持ち出すことを禁止できる機能を有する製品もあります。

● ラベリングされた情報の追跡

　ファイル自体に事前にアクセス権限を付与しておき、許可されたユーザでないと参照できないようにする機能や、外部流出したデータを含むファイルの拡散経路を可視化して追跡できるようにする機能があります。

◆ 製品／サービス選定・導入の考え方（エンドポイント型DLP）

　企業で取扱う重要情報は多種多様であり、どのようなデータがどのような経路での流出リスクを抱えているかは、業務形態に応じさまざまです。そのため、業務を把握したうえで、端末でどのような制御が可能であるかが選定選定・導入の考え方となります。例えば、外部ネットワークへのアップロード制御、外部記憶媒体や特定ドライブへの書き込み制御、ファイル自体へのアクセス権限制御などの機能はあるか、制御ルールは柔軟な設定が可能か。ファイル操作の詳細な記録ができるか、また、設定した制御ルールが即時にポリシー反映されるかなどが選定時のポイントになります。

　ネットワークセキュリティにおけるDLPでも同様ですが、DLPでは厳しい制御ルールを設定すると過検知によってユーザの業務を阻害する可能性があり、ルールチューニングや過検知対応の運用負荷も大きくなります。一方、緩い制

第1章
第2章
第3章
第4章
第5章
第6章
Appendix

御ルールを設定すると情報漏えいの抜け道が多く残ってしまいます。そのため、DLPの導入では、企業の業務特性を理解したうえで保護すべき情報を絞り込み、ネットワーク型DLPを含む他の情報漏えい対策や運用体制、ユーザの利便性などを考慮して制御ルールの設計を進めることがポイントです。

4-5　ログの収集と監視

　ログの収集と監視自体は、従来から多くの組織で実施されてきました。ただし、ゼロトラストモデルにおけるログの収集と監視を検討する際には、従来の「社内ネットワークの内部は安全」という考え方はもはや通用しなくなっています。働く環境の多様化によるクラウド活用やリモートワークの増加、通信経路やデータ格納場所の分散、さらにはサイバー攻撃の高度化に伴って、社内にも脅威が存在しているという前提で、アクセス元からアクセス先までのすべての通信にかかわる「ユーザ」「ネットワーク」「エンドポイント」「データ（アプリケーション）」についてログを収集して可視化し、それらを監視・分析すること、および、インシデント検知後の対応をしていくことが求められます。

　さらに、セキュリティ対策状況の複雑化に伴って、ログの収集対象や監視対象も多様化しています。そのため、さまざまなログの分析やインシデント対応を効率化していくことも求められます。

ログの収集

　ログの監視を行う前提として、ログを収集する必要があります。ログの収集を、以下の3つポイントに分けて考慮すべき観点を説明します。

・どのようなログを収集するのか
　まずはどのようなログを収集するのかを検討します。ログの収集目的には「法令やガイドラインに基づく保管」「セキュリティインシデントの検知・分析」があります。前者は従来どおりの考え方ですが、後者については、環境の変化を

考慮して収集するログを検討する必要があります。

　高度なサイバー攻撃や内部関係者による犯行を考慮した場合、例えば、業務用の端末などのデバイスの操作ログやプロセスの詳細なログを収集する必要があります。また、端末のログだけでは侵入経路や情報漏えいの調査が困難なため、すべての経路のネットワークセキュリティ製品が出力する通信ログ、認証に関する詳細なログ、データ格納場所であり攻撃者の目的となるファイルサーバやクラウドストレージ上のファイルアクセスログを収集する必要があります。マルチデバイスの活用、クラウド活用によるシステム環境の分散化が進む中で、どの機器でどのようなログが取得されているかを整理したうえで、十分なログ取得が行えていない場合は、新たなセキュリティソリューションの導入も検討する必要があります。

● どこにログを収集するのか

　次にログをどこに収集するのかを検討します。高度な攻撃に対応するためには従来に比べて多くのログを収集し、それらの情報を利用して効率的な検知・分析を行うことが求められます。そのためログの収集先としてさまざまな種類のログを格納でき、格納したログを使用したセキュリティインシデントの検知・分析を支援する機能を有している必要があります。また、十分な拡張性とログの完全性が求められます。

● どうやってログを収集するのか

　ログの保管場所が決まったら、最後に各システムやデバイスからどのようにログを連携するかを検討する必要があります。ログの連携方法における考慮点としては、クラウド活用の増加やリモートワーク化により複雑化したログ連携経路を暗号化された安全な経路とすることが挙げられます。

◆ ログ収集・保管の機能

　ログの収集・保管機能を提供するソリューションとしてSIEM（Security Information and Event Management）が挙げられます。SIEMの主な機能は「収集と保管」「監視と分析」「可視化」がありますが、ここではさまざまな種別のログを安全に収集し、大量に保管する機能について解説します。

151

● ログの収集・連携

　SIEMではさまざまな機器からログを安全に収集するためのAPI連携ツールなどが提供されているため、比較的安全なログ連携を実現しやすいことも魅力となります。もし、API連携やエージェントに対応していないシステムやデバイスの場合、別途安全なログ連携の仕組みを準備します。例えば、サーバからsyslogプロトコルでログを連携する場合、連携経路として専用回線を利用するか、VPN接続された経路を利用するように設計します。

　また、インターネットを経由したログ転送を行う場合、ネットワークへの負荷を考慮する必要があります。ログ転送量をもとにネットワーク帯域への影響や、それに伴う業務影響を考慮して、許容できない場合はログ転送用の回線を別途に準備するなどの対応を検討します。

● ログの一元保管

　SIEMでは，通常バックグラウンドにログの収集・分析基盤があり、ここに大量のログデータをまとめて保管して管理することができます。単純に保管するのではなく、SIEMのデータ連携機能によってログを圧縮やシャーピングをすることで、効率的に保管ができるようになっています。

◆ 製品／サービス選定・導入の考え方（SIEM：ログ収集・保管）

　SIEMによる「収集と保管」では、選定にあたって、安全なログ連携経路の提供、ログ保管についての拡張性や保全性が重要な観点となります。SIEMにはアプライアンス版で提供されるパターンとクラウドサービスとして提供されるパターンがありますが、クラウドサービスとして提供されるパターンでは保管可能なログ量が無制限（自動的にリソースの拡張）の場合や、利用者にはログの編集ができないように制御されていることなどにより、拡張性や完全性の担保の観点で望ましいと考えられます。

　また、導入にあたっては、ログ収集・分析基盤に取り込めるログの形式を把握したうえで、ログの種類ごとに転送経路やログの取込み形式を整理しておくことが重要となります。

◆運用上の留意点

　選定・導入で述べたように、SIEMがクラウドサービスとして提供されるパターンでは、ログ量は無制限である反面、ログの保存期間の制限やログのボリュームに応じた利用料金が生じることに注意する必要があります。また、実運用を考慮した場合、他機器との連携機能やインシデント管理機能の有無、多言語（日本語）対応状況、ベンダーのサポート体制なども、考慮すべき事項となります。

ログの監視・分析

　ログ監視・分析の目的は、収集したログからセキュリティインシデントの兆候を迅速に検知して、原因や影響の調査、分析を行い、後述する復旧対応や再発防止策の検討にスムーズに繋げることです。

◆ログの監視・分析の機能

　上記の目的を満たすソリューションとしてもSIEMが活用できます。SIEMの機能のうち、セキュリティリスクの高い情報を検知して分析するための検知・分析機能、柔軟性の高いダッシュボードを提供する可視化機能が該当します。

・セキュリティインシデントの検知

　集めたすべてのログを人間の目でリアルタイムに監視するのは非効率であり現実的ではありません。そのため、セキュリティインシデントのリスクが高いと考えらえるイベントを自動的にアラートとして発報するために、検知ルールを準備する必要があります。各システムやセキュリティソリューションによって定義されたログの重要度を判断したり、脅威情報に含まれるURLへの通信の発生を検知したりなどの比較的容易な検知ルールだけではなく、ユーザやプロセスの振る舞いから攻撃の痕跡（IOA）を検出したり、相関分析を行ったり、機械学習機能を用いたセキュリティリスク判断を行ったりといった高度な検知ルールが求めれられます。

　IOAとは、4-4節でも述べたとおり悪意のある攻撃を成功させるために行われる一連の行動の特徴であり、これを分析することで「今攻撃が行われているか

第1章

第2章

第3章

第4章

第5章

第6章

Appendix

もしれない」という予兆をプロアクティブに検知します。例えば、「同一ネットワークのIPアドレスやMAC情報を収集する」「認証基盤からユーザ情報や認証情報を収集する」などは、攻撃を成功させるために実際に行われやすい行動です。このような行動の特徴を検知し、その行動を行った本人にヒアリングすることで、自らの意思で行った活動であるか、本人が意図しない活動(マルウェア感染などによりリモートから操作されている可能性)であるかを判断することができます。このような検知ルールは独自に作り込むことが難しいため、SIEMやEDRなどのセキュリティソリューションによって提供されているかを確認する必要があります。

　相関分析では、単一の行動としてはそれほどリスクが大きくない場合であっても、関連し得る複数の行動を組み合わせることでリスクの大きな活動と判断して検知を行います。例えば、端末の操作ログとファイルストレージの監査ログ、ネットワーク通信ログを組み合わせて「単一のユーザがファイルストレージ上のあるフォルダからファイルをダウンロードしたあと、同じファイル名のファイルを1時間以内に外部にアップロードしたことを検知」します。このように複数の異なるログを組み合わせることで、脅威シナリオが発生している可能性が高い状況を検知できます。相関分析ルールはSIEMなどの製品で事前準備されるものではなく、脅威シナリオを検討したうえで、収集したログや企業の事業特性をもとに、独自の検知ルールとして作成します。そのため相関分析ルールを作成するためには高度なセキュリティの専門知識と企業の業務特性を理解する必要があります。

　機械学習を用いた総合的なセキュリティリスクの判断は、SIEMなどの製品ベンダーが提供する機能を用いることが多いですが、企業独自で機械学習を用いた検知ルールを作成する場合もあります。例えば「ある特定のユーザが普段と比べて明らかに多くのファイルをクラウドストレージからダウンロードして外部にアップロードしている」のように統計的に見て明らかに不審な活動を検知することで、内部に侵入した脅威を早期に検知することができます。なお、機械学習を活用した検知は、具体的な検知ルールの内容や、検知可能な脅威シナリオを把握しておかなければ検知後に具体的な調査や分析が困難となる可能性があるため、注意が必要です。

◆製品・サービス選定・導入の考え方（SIEM：ログの監視・分析）

　SIEMの「検知と分析」のうち、検知の観点では、あらかじめ備えている検知ルールの豊富さ、脅威情報の取り込み能力、独自に検知ルールを作成するための支援ツールなどが重要となります。分析の観点では操作が容易な検索機能、クエリ実行により複雑な検索が実行できること、および検索の応答速度、複数のメンバーにて同時に操作できることがあげられます。

　SIEMの「可視化」の観点では、インシデント発生状況を可視化するダッシュボード機能や、レポート出力機能が充実していることが挙げられます。

◆運用上の留意点

　検知ルールの準備についての注意点はすでに述べましたが、検知ルールの準備をする際に、どれだけの脅威情報を取り込むことができるのかも重要なポイントとなります。ここでいう脅威情報とは、例えば悪意のある攻撃に利用されたことのあるIPアドレス情報や特定の脆弱性を狙った攻撃に伴う通信やPCなどに痕跡情報のリストを指します。

　この情報は脅威情報リストに該当するIPアドレスへの通信を検知することなどに活用されます。脅威情報はセキュリティソリューションの提供ベンダーが独自に有する場合だけではなく、SIEM製品自体に外部の団体などにより有償・無償で提供されている脅威情報を取り込むことも可能となります。

セキュリティインシデントの調査と対処

　セキュリティインシデントを検知したあと、これまでに収集したログや、インシデントの検知に使われた検知ルールを調査することで、発生原因や攻撃内容、影響を把握します。また、その後の復旧、再発防止策の検討といった一連の対応へスムーズに繋げる必要もあります。

　このような対応を効果的に行うためには、いくつかのポイントがあります（図4-19）。

•専門性を有する調査組織の整備

　システム自体のセキュリティアラート機能やアンチウィルス機能をすりぬけ

○図4-19：監視業務のアウトソーシングイメージ

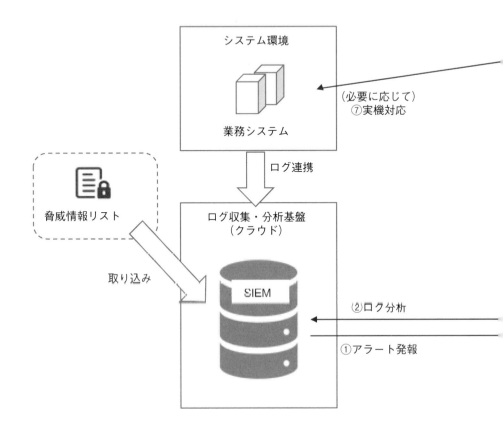

てきた高度な攻撃や、内部不正のようにそもそも検知されない事象も、前述したさまざまな検知ルールで検知できるようになります。しかしながら、このような検知はリスクが高い活動というだけで悪意のある活動としては確定していません。そのため、検知した内容をもとに本当に侵害を受けているのかを判断する必要があります。

　IOAなどの断片的な攻撃の痕跡から調査・分析を行うには、その検知ルールの背景にどのような脅威があるのか、検知内容よりその脅威のリスクは大きい

す。SOARは一般的に以下の3つの機能を取り入れたセキュリティインシデント対応支援のプラットフォームです（**図4-20**）。

● インシデント対処の自動化

ある特定のイベントをトリガーに、一連の動作をプレイブックと呼ばれるワークフローに取り込みます。

例えば、SIEMの検知ルールでアラートが発生した場合は、SIEMにて定義されたアラートのリスクレベルに応じて、インシデントチケットの起票および通知メールの送信を自動的に行う、脅威情報に含まれるURLへのアクセスを検知した場合には通信の中でダウンロードされたファイルを自動でスキャンしてファイルを隔離するなど、インシデント対応に必要な手続きを事前登録することができます。

● インシデントの管理

インシデントチケットの管理システムとしてセキュリティ対応に必要な一連のプロセスを管理します。企業や組織が複雑化するほどセキュリティ対応状況の可視化が重要になり、1つの管理ツールで管理機能を集約することのメリットは大きくなります。そのため、自社で利用している他のチケット管理システムと連携させて、可能な限り一元管理できるよう運用設計することが望ましいと言えます。

また、この機能の中には類似のインシデントを検索する機能や、インシデントに対するコミュニケーションを円滑に行うためのチャット機能が提供されている場合もあるため、これらの機能も活用することでより効率的な運用を行うことができます。

● 脅威情報の活用

ログの監視・分析における検知ルールの作成の際にも触れましたが、プレイブックによるインシデント対処の自動化においても、この脅威インテリジェンスを活用することで、大きく運用を効率化することができます。

第1章

第2章

第3章

第4章

第5章

第6章

Appendix

○図4-20：SOAR導入による効率化領域イメージ

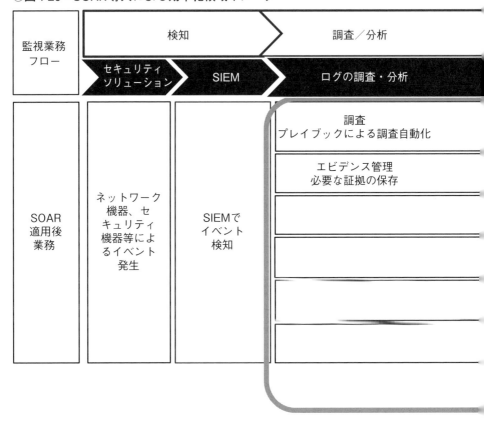

◆製品・サービス選定・導入の考え方（SOAR）

　SOAR製品を選定にするにあたって、まず「インシデント対処の自動化」の観点では、プレイブック機能の有無、事前に用意されたプレイブックのテンプレートの豊富さ、作成・チューニングの簡易さが重要になります。次に、「インシデントの管理」の観点では、インシデント対応の中でさまざまな組織とのコミュニケーションをスムーズに行うためのチャット機能や、調査や対策検討を速やかに実施するために膨大なインシデントチケットから関連イベントを検索する機能などが提供されていることもポイントです。

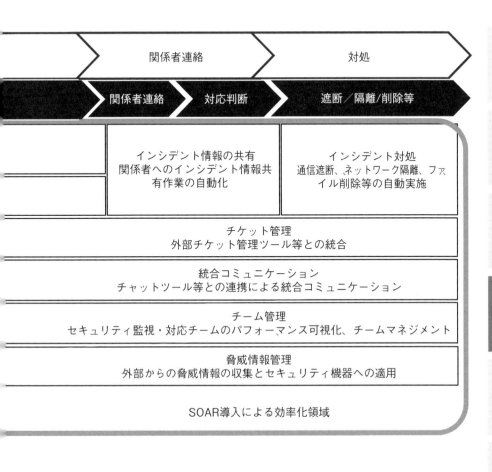

関連イベントの検索機能には、インシデントの類似点の多さで関連度を表示する機能や、インシデントチケットに含まれる類似の構成要素によって検索をする機能などが含まれます。SOARは調査・分析担当以外にも多くの関係者が一元的に参照、コミュニケーションを行う基盤として利用されます。そのためユーザインタフェースは多言語に対応し、画面のカスタマイズや操作のしやすさを確認しておくことも重要となります。

　前述したSIEMの中にはSOARの機能を有する製品も数多く存在しますが、インシデント対処の自動化やインシデント管理機能が不十分もしくは自社に適

していない場合もあるため、どのような機能を有しており、柔軟に管理・運用ができるかを確認のうえ、導入を検討する必要があります。

　例えば、SIEMがインシデントチケット管理機能を有する場合に、該当のSIEM以外で検知したアラートを起票できるか、入力項目や文字数制限は問題ないか、操作・編集権限を細かく設定できるか、変更履歴のログはいつまで残るのかなどの観点を考慮する必要があります。また、プレイブックに従ってアラート発生時に自動でメール通知を行う場合、アラート種別によって通知先が自動選択されるか、通知先のリストをAPI連携やバッチ処理などにより自動取り込みできるのか、といった点まで深掘りすることで、SIEMにあらかじめ備わっている機能を活用するべきなのか、SOAR専用のソリューションを別途導入する必要があるのかを明確にすることができます。

◆ 運用上の留意点

　ここでは、特に外部ベンダーへの監視業務のアウトソーシングについてのポイントを記載します。アウトソーシングを実施すべきかどうかの指標は各社の人材リソース状況や経営方針に依存する部分が大きいですが、技術的な観点ではプロアクティブな監視を実施する場合に高度な専門性が求められるため、1つの判断ポイントになると考えられます。

　セキュリティ監視業務のアウトソーシングを選定するにあたって、調査・分析能力と業務スコープについての代表的な考慮ポイントを記載します。

• 調査分析能力の考慮ポイント

　次のような点を考慮し、可能であれば、実ログを用いた調査・分析対応を一定期間実施してもらい対応品質を確認します。

　　－自社で活用するセキュリティソリューションの活用実績
　　－自社の業種・規模・グローバル展開状況と類似した会社の監視実績
　　－調査レポート、アドバイザリーなどの具体的な記載項目および内容
　　－初報、隔離対応、分析レポート提示までの対応時間
　　－調査・分析に対するリスク判断基準の有無と内容

● 業務スコープの考慮ポイント

　調査対象の情報がログだけなのか、脅威情報やアクセス先URLの評価、システム環境情報、ユーザヒアリング結果などを考慮した調査を行ってくれるのかなどを確認します。また、調査・分析に関する具体的な作業項目を確認します。

　例えば、検知ルール作成やプレイブックの作成、検知から通知、マルウェア解析、復旧対応、脅威情報の精査やカスタムシグネチャの作成、関係者への調査ヒアリング、問い合わせ対応、改善アドバイスの提供などができるかを確認します。さらに、ログ収集・分析基盤の構築・運用や、ログ連携を実施する際のサポートの可否なども確認します。

● 体制面の考慮ポイント

　24/365対応の可否、多言語に対応可否、監視チームのマネジメント体制や高度な専門性を有するメンバーの有無を確認します。

データ・ライフサイクル管理

Column

　ゼロトラストセキュリティは、アクセス元を組織の内、外に区別せず、アクセス可能なものだけにアクセス許可を与えるようにするアプローチです。そのためには、データが生成されてから廃棄されるまでの各ステージに適切なセキュリティコントロールを施すことが肝要です。

　情報セキュリティ調査およびアドバイザリーを行う米国のSecurious社は、これを「データセキュリティライフサイクル注A」と名付けました。クラウドセキュリティに関する教育の提供を使命とするグローバルな非営利団体であるCloud Security Alliance（CSA）がCSA Guidance 4.0 の中でこれを参照しています。

　データセキュリティライフサイクルには、作成と更新、保管、使用、共有、アーカイブ、廃棄の6ステージがあります。これらは一方通行なものではありません。図4-Dのようなサイクルが存在しています。

　データを守るためには、データごとに各ステージにおいて適切なコントロールを施すことが有効です。たとえば、表4-Aのように、2-1節で紹介したCIS Controls V8のデータ保護のコントロールをデータセキュリティライフサイクルにマッピングし、データごとに各ステージでコントロールが適切に施されている状態を確立し維持しましょう。具体的な対策については、CSAジャパンが発行した「Cloud Data Protection注B」が参考になります。

　認証・認可に連動したクラウドストレージの中は、データを作成・保管するクラウドで集中管理し、効率的にデータ・ライフサイクルを支援するサービスもあります。データが使用に際してダウンロードされ、移転を繰り返し点在してしまうとアクセス権を限定していくことは技術的には不可能です。システム的な解決策が期待される分野です。

注A）　**URL** https://www.securosis.com/blog/data-security-lifecycle-2.0
注B）　**URL** https://www.cloudsecurityalliance.jp/site/?page_id=9921

○図4-D：データセキュリティライフサイクル

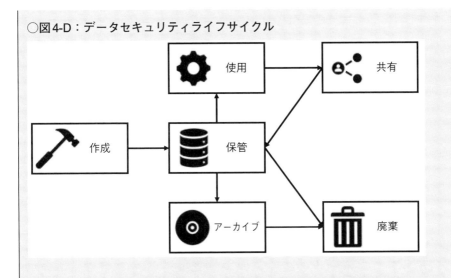

○表4-A：CIS Controls V8のデータ保護コントロールとデータセキュリティ
　　ライフサイクル

コントロール	作成	保管	使用	共有	アーカイブ	廃棄
データ管理プロセスの確立と維持	○	○	○	○	○	○
データインベントリの作成と維持		○				
データアクセス制御リストの設定		○	○	○	○	
データの保持徹底		○			○	
データの安全な廃棄						○
端末上のデータ暗号化		○				
データ分類スキームの確立と維持	○					
データフローの文書化	○	○	○	○	○	○
可搬記憶媒体のデータ暗号化		○		○		
送受信中の機密データの暗号化				○		
保管されている機密データの暗号化		○				
機密度に応じたデータ処理・保管の分離	○	○	○	○	○	
データ盗難防止対策の導入				○		
機密データへのアクセスの記録			○			

第1章

第2章

第3章

第4章

第5章

第6章

Appendix

第5章

ゼロトラストを
導入する流れ

どのような観点で整理して進めればよいか

　ゼロトラストの導入においては、それぞれの企業が自身の環境と目的に沿った、あるべき姿を模索していく必要があります。本章では、個別具体的なソリューションの導入方法ではなく、ゼロトラストの導入を検討するにあたって、どのような観点で整理し、進めていけばよいのかについて説明します。

　ゼロトラストは多様なプラットフォーム上にシステムが分散している昨今において求められるセキュリティ概念の1つです。また、クラウド活用を推進する上で、安全なサービス利用のために考慮すべき前提でもあります。ただしゼロトラストはあくまでも概念であるため、ゼロトラストを実現するための具体的な構成については、正解や推奨構成といったものは存在しません。

5-1　ゼロトラスト導入はジャーニー

　ゼロトラストを構成する技術要素は非常に多岐にわたります。またゼロトラストの技術要素は、急速に進むクラウド利用のニーズに合わせる形で非常に速く進歩しています。

　その一方で実際の導入においては、ゼロトラストを構成する1つのソリューションを導入するだけでも多くの検討と時間を要します。例えば、端末セキュリティのソリューションであるEDRの導入一つとっても、「ID連携の検討」「全社員の利用端末の整理・把握」「既存・新規の運用精査」など多数の検討項目が存在します。

　ゼロトラストを構成するためには複数の技術要素の組み合わせが重要となりますが、複数の技術要素の導入となれば少なくとも数年単位の時間と多くの費用・リソースが必要となることでしょう。実際にゼロトラストの導入の先駆け

○表5-1：（参考）特定条件におけるゼロトラスト導入費用例

フェーズ	ID数（端末数と同じと仮定）			接続先	
	本社	グループ会社	パートナー	オンプレ	クラウド
1	10,000	13,000	0	VPN／セキュアブラウザ	インターネット
2	10,000	13,000	8,000	インターネット	インターネット

　＜フェーズ1＞
　・社員、グループ会社社員を対象に、オンプレ／クラウドのシングルサインオン
　＜フェーズ2＞
　・パートナーも含め、インターネットからのシステム利用
　・クラウド利用の増加による、統制強化
　・動的アクセスの実施

となったGoogle社においても導入まで8年近い時間が必要でした。そして現在においてもまだ完成ではなく、より理想に近づけようと改善を続けています。

　これほどの期間・費用・リソースをかけて実現するゼロトラストとは具体的には何を実現するものであり、また導入した企業に「何をもたらしてくれる」ものでしょうか。概念であるゼロトラストを導入する際にはこの問いに答えを出す必要があります。

何を得るための旅なのかを考える

　ゼロトラストの導入は「ジャーニー」と例えることができるのではないかと考えます。ジャーニーとは直訳すると旅や旅行という意味ですが、この言葉には「ある状態から、長い時間をかけて、別の状態に変わる」という意味もあります。一方で「あてのない旅」という意味も持っています。

　ゼロトラスト導入はまさにジャーニーです。ゼロトラスト導入においては最適解がありません。検討している企業ごとに長い時間と費用をかけて最適な姿を模索しながら進めていく必要があります。しかしゼロトラスト導入を進めていくと、「検討すべき項目が多く何から手を付けてよいかわからない」、「かけた費用に対し効果が見えず継続できない」などといった声もよく耳にします。

　企業のゼロトラスト導入を考えた際に多くの時間と費用かけて、あてのない旅などしている余裕はないことは自明でしょう（**表5-1**）。企業は時間と費用をかけるからには現状よりも良い状態となる必要があります。

ソリューション							SOCあり（百万）		SOCなし（百万）	
IDaaS	MDM	SWG	SDP	CASB	EDR	API GW	イニシャル	ランニング（年額）	イニシャル	ランニング（年額）
○	○	○					1,000	800	1,000	700
●	●	○	○	○	○	○	900	2,500	900	2,350

　※　「●」は動的アクセス
　※　「費用」はおおよそのレベルです。

　あてのない旅としないためには、旅の目的を明確化する必要があります。

　逆に言えばゼロトラストの導入に成功したと言える企業では、導入目的が非常に明瞭でした。例えばゼロトラスト導入における代表格の企業であるGoogle社の導入目的は次のようなものとなります。

◆Google社のゼロトラスト導入目的

●導入背景

　2010年の大規模攻撃による被害をきっかけとし、境界モデルによるネットワーク防御に関して全社的な見直しが必要と判断

●ゴール目標

　モバイルワーカーによって常に利用されているシステムにゼロトラストモデルを適用し、利便性とセキュリティの向上を図る

●課題・問題

　・複数チーム間での調整や交渉

　・社内システム変更に伴う抵抗

　・技術課題

　・移行切り替えに伴う生産性低下

●解決策

　・全社的な目標の共有

　・業務把握のためのシミュレーションと分析による効果測定

　・段階的な移行モデルの導入

●導入の進め方

　1）計画

　2）調査・分析

　3）実装

　4）移行

　5）効果測定

●導入期間

　約8年

※ **URL** https://research.google/pubs/pub43231/ を基に作成

ゼロトラストは手段であり、導入がゴールではない

　間違えてはいけないことの1つとして、ゼロトラストは、目的を達成するための手段に過ぎないということです。逆に言えば、今後のセキュリティやテレワーク技術の革新からくるソリューションにて目的を達成できるのであれば、必ずしもゼロトラストを用いなくてもよいということです。

　ではゼロトラストを手段として捉えた場合に、目的となるものは何でしょうか。これは企業が定める経営方針・課題の解決であり、IT中期経営計画の実現です。全社目線での経営方針があり、ゼロトラストはその実現ための施策の1つと言えます（**図5-1**）。

　ゼロトラスト導入の路程においてあてのない旅とならないためには、次の例のように「クラウド活用」や「働き方改革」といったIT中期経営計画に定められる戦略と合致してなければならないということです。

○**図5-1：ゼロトラストは全社施策の1つ**

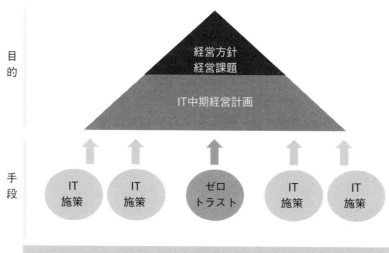

171

<例>

- オンプレミスからクラウドへIT環境をシフトし、資産管理や開発のために費用をかけない持たざる経営に移行したい。クラウドではデータが点在するため、セキュリティ対策が重要。そのためにゼロトラストを導入する。
- 働き方改革の一環として全社員がテレワーク環境を快適に利用できるようにする。そのためには端末セキュリティやデータセンタ集約型の回線利用形態の変革が必要であり、ゼロトラストの導入にて対応する。

5-2　ゼロトラスト導入の明確化

　ゼロトラスト導入においてはかなりの時間と費用がかかります。この長期にわたる導入の路程においては、次のような懸念があるかもしれません。

- 導入予定ソリューションの陳腐化
- メガクラウドの一機能として組み込まれ投資効果が希薄化
- 経営陣刷新による、方針の転換
- ゼロトラストという概念の陳腐化 など

　しかし前節で述べたとおり、ゼロトラストはあくまでも手段です。もしゼロトラストというソリューションが陳腐化するのであれば、代替策にてゼロトラスト導入によって目指していた姿を実現すればよいのです。

　手段であるゼロトラストの「導入の目的」をきちんと明確化し、「何故必要なのか」を把握しておくことで、固有のソリューションに固執する必要がなくなります。

　またゼロトラストとは狭義ではセキュリティソリューションの1つであり、大きくは概念でもあります。概念たるゼロトラストの導入目的を考えるにあたっては、セキュリティだけの視点に囚われず、複数の観点での整理が必要です。

　本節では、ゼロトラストの導入目的を明確化していくにあたって、必要となる、あるいは考慮したほうがよいであろう観点を示します。

ゼロトラスト導入の明確化には３つの観点での整理が必要

　前節にてゼロトラストの導入目的は全社目線でのIT中期経営計画に合致している必要があると述べました。ゼロトラストを加味したIT中期経営計画がゼロトラスト導入検討時点で定まっていれば問題ありませんが、セキュリティ強化という観点以外で最初からIT中期経営計画にゼロトラストが組み込まれていることは稀でしょう。

　ゼロトラストの導入がIT中期経営計画の合致なしに、セキュリティ強化観点でのみ実施され、そのためにゼロトラストソリューションを導入検討時に、費用対効果を見込めず、中途半端な状態で挫折してしまっている状況が散見されます。

　これを防ぐためにはゼロトラストがもたらすセキュリティ強化以外の3つの観点で、IT中期経営計画の方向性と合致しているかを考察する必要があります。もし、**表5-2**の観点で、IT中期経営計画の方向性と合致していないのであれば、IT中期経営計画の修正を含め是正していく必要があります。

ゼロトラストがもたらす、「守り」と「攻め」の側面を考える

　ゼロトラストをただセキュリティの一ソリューションと位置付けるのであれば、導入目的は自明で、「セキュリティ強化」が答えです。もちろんこれもゼロトラストを導入する目的の1つです。しかし多くの企業では【セキュリティは自己防衛のためにある程度の投資】に抑え、【利益を生む施策に限りあるリソースを投資したい】と考えるのではないでしょうか。

○表5-2：導入目的明確化のための3つの観点

考慮すべき観点	経営戦略に盛り込むべき内容
ゼロトラストがもたらす攻めの側面	ゼロトラスト導入にて守りを固めることにより得られる攻めの効果を経営戦略に盛り込む
ゼロトラスト導入の効果を上流で意識	ゼロトラストの攻めの効果を経営戦略としてコントロールする
トップダウンとボトムアップでの整合	トップダウンだけでなく、ボトムアップも意識し、全社視点で目標を経営戦略に盛り込む

　このジレンマがゼロトラストの路程を「あてのない旅」にしているのだと考えられます。ゼロトラストの実現においては、単に一ソリューションを導入しただけでは十分な効果を得ることが難しく、複数ソリューションを組み合わせて導入する必要があります。一方ですぐに効果が見えないものにそこまでの投資ができない・したくないというジレンマがあります。

　このジレンマはセキュリティ導入を考える際に、必ず発生するものです。しかしゼロトラストは大きな投資が必要ですので、投資に足る理由を整理し全社レベルでの納得感の醸成が必要です。でなければ、導入の路程においてこれ以上の投資は意味がないとの声があがり、結果として「あてのない旅」となることでしょう。

　このジレンマを解消するために、ゼロトラストの導入には「攻め」「継続性」「原動力」の3つの側面から、ゼロトラストがもたらす効果が企業戦略と合致しており、投資に見合うだけの価値があるのかを見極めることが重要です。

◆ ゼロトラストがもたらす「攻め」の側面

　前節にてゼロトラストはジャーニーであると述べました。1つの例えとして大航海時代における船旅を想像したときに、もし必ず死に至る船旅であるならば航海などはしないでしょう。ある意味で大航海時代の船旅は、航海技術の発展により命の危険をある程度抑え込むことができているから成り立っているとみることもできます。

　また航海を繰り返すことによって、海図が拡充され、航海技術も高まります。その結果として、より命の危険が下がり、新大陸発見のような船旅に出ることもできます。つまりは、安心の土台を高めた結果としてよりリスクが高い行動を許容できたということではないでしょうか（図5-2）。

　これは企業におけるセキュリティの考え方に共通するものがあります。つまりは安心という土台が高まることによって、はじめて打てる攻めの施策が出てくるということです。これが企業におけるセキュリティの本質の1つではないかと考えます。ゼロトラスト導入においても同じです。戦略という施策を最大限生かすための安全の土台としてゼロトラストがあります。言い換えるのであれば、戦略に寄与する効果と安全の土台を両輪で考える概念がゼロトラストであるともいえるでしょう。

○図5-2：航海技術の発達（生命リスク低減）が活動の幅を広げる

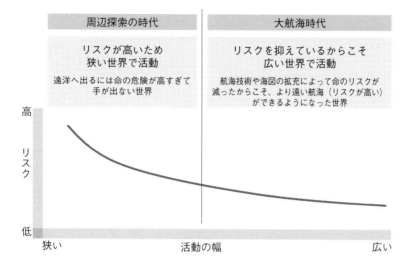

○表5-3：ゼロトラスト導入によって得られる効果の例

ゼロトラスト導入	導入によって得る攻めの効果（例）
インターネットブレイクアウトによる、VPNやNW集約構成の廃止・変更	・帯域やセッション数のボトルネックの解消による、快適なシステムアクセスの提供
	・回線帯域の削減の検討
クラウドを利用した端末制御	・BYOD利用可とすることによる従業員満足度の向上
	・BYOD利用パートナーとの協業性の向上
	・モバイルデバイス活用性の向上
	・FAT端末の活用
クラウドセキュリティの向上	・幅広なクラウド利用の許可
	・セキュリティが担保されることによる、新規クラウドの即時導入
	・クラウド利用からなるグループ内外のセキュリティポリシーの統一と一元管理

第1章
第2章
第3章
第4章
第5章
第6章
Appendix

　より具体的な例を挙げるのであれば、**表5-3**のようなものがゼロトラストによってもたらされるセキュリティ以外の「攻め」の価値となります。この攻めの価値がIT中期経営計画の方向性とあっているかを確認する必要があります。

◆目的遂行のためには継続性が必要

　大航海時代を支えるには、海図や航海技術の拡充が不可欠です。そのために何度も航海を実施し、海図の情報をアップデートし、造船技術を高めていかなければなりません。

○図5-3：PCDAサイクルを回し、ゼロトラスト導入によって得られる
　　　　メリットを向上する

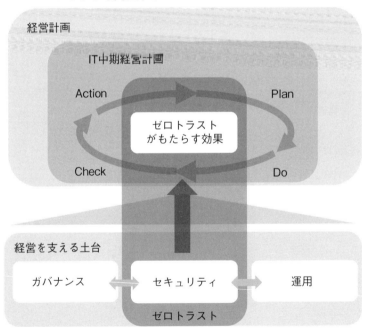

　これはゼロトラストでも同様です。企業が目的とする姿に近づくためには継続的にアップデートをしていく必要があります。より具体的には、ゼロトラストの1つのソリューションを導入し、課題対応を実施することで、企業は経験値を得ることができます。このような状況を繰り返し継続的に回すことで初めて企業は目的とする姿に近づくことができます。そしてこの新しい姿を運用することで、初めて見えてくる課題がでてきます。これを目的となるIT中期経営計画にフィードバックして新たな計画の練り直しの検討が必要となります。

　つまりゼロトラストの導入では前提となるIT中期経営計画の遂行に対してPCDAサイクルを回し、導入を続けることにより得られる価値・メリットが向上を続けていく必要があります（図5-3）。

◆ 推進を維持する原動力

　上述の航海を考えると、一度の航海では莫大な予算がつぎ込まれているはずです。国家が莫大な予算をつぎ込み航海を続けた原動力とは何でしょうか。国家観点ですので一概にこうということは難しいですが、その原動力の1つとして、一度の航海で得られた財宝や海図情報・造船技術が国家を豊かな国に変える変化を生んでいるかではないかと考えます。

○図5-4：ゼロトラストへの投資は攻めと、守りの両側面を持つ

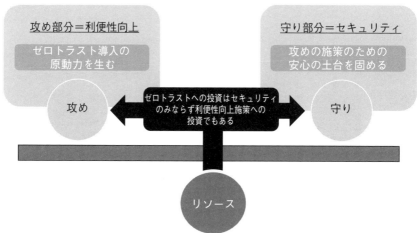

　これをゼロトラスト導入に置き換えた際に、ゼロトラスト導入の原動力とは何が当たるのでしょうか。これにはセキュリティと相対する「利便性」があるのではないでしょうか。利便性の向上は、企業の生産性の向上や優秀な社員の離職率低減・転職市場へのアピールなどをもたらします。これはより豊かな企業への変革の一手です。

　つまりはゼロトラストの導入が進めば、社員の利便性が向上していくという結果が重要となります。

　この原動力があって初めてゼロトラスト導入を続けていけるのと考えます。逆に言えば継続的な導入を続けられる原動力を生まないゼロトラスト導入では目的を遂行できないということです（**図5-4**）。

　本節においては大航海時代を比較対象として、著者の頭にあるゼロトラストの観点例を示しましたが、ゼロトラストの導入を戦略と合致させる際に整理が必要な観点は次のように考えます（**図5-5**）。

○図5-5：大航海時代と対比したゼロトラストの導入イメージ

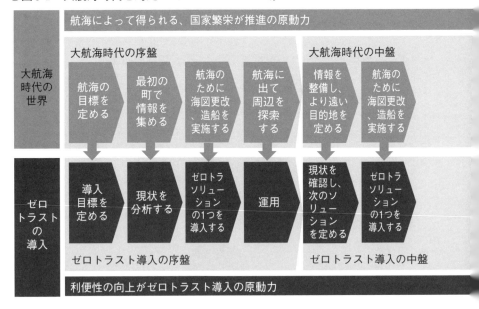

- ゼロトラストの「導入目的」は経営戦略に沿う必要がある
- ゼロトラストをセキュリティのみのソリューションと捉えず、「攻め」と「守り」の両面を考慮する
- ゼロトラストの導入を続けていける「原動力」を定める
- IT中期経営計画の達成のためには、継続的なフィードバックと対応が必要であることを視野に入れる

ゼロトラスト導入の効果を上流から意識する

　ゼロトラストの推進は常にPCDAサイクルを回し、IT中期経営計画をブラッシュアップしながら進めていきます（図5-6）。これにはIT担当部署レベルだけではなく全社目線でのコントロールも必要となります。そのためには、ゼロトラストの導入においてはどの時点でどのような効果を得ているのかというフェー

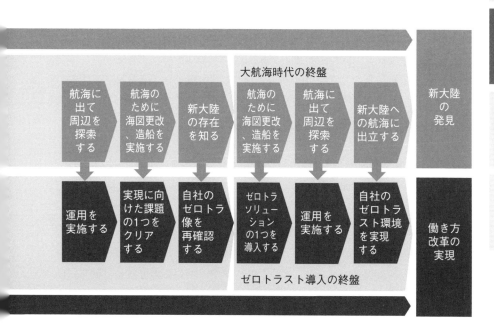

第1章

第2章

第3章

第4章

第5章

第6章

Appendix

179

○図5-6：フェーズ単位で必要なゼロトラストの導入意義と獲得効果の例

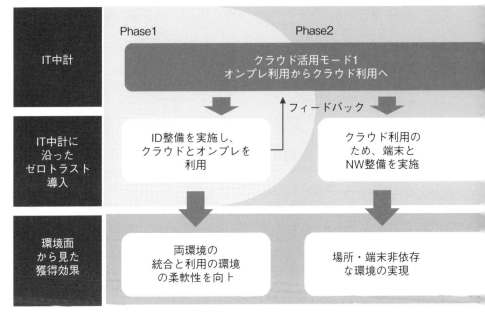

ズごとでの期待効果を決めて、導入を進めていく必要があります。

　フェーズを元にしたスケジュールの作成は、5-7節のロードマップで実施しますが、ゼロトラスト導入の目的検討の時点で、粗々の効果をまとめ、経営層とコンセプトを共有しておくことは非常に重要です。

◆ ゼロトラストの導入効果を知る

　ゼロトラストの目的の明確化の一手として、他の企業がどのような目的を持って進めているのかという情報を集め、自社と見比べることは重要です。

　本書でも5-6節や5-7節に代表的な事例や観点を記載しましたので、参考としていただければと思います。また、ゼロトラストは非常に進歩が速い分野でもあるため、もしお抱えのベンダーやコンサルタントがいるのであれば彼らに助言を求めてみるのも有用な一手となります。

Phase3	Phase4

クラウド活用モード2
クラウド利用からクラウド活用へ

フィードバック ⬇ フィードバック ⬇

SaaS活用にむけ、NWと利用監査の整備・強化

クラウド活用を加速するための自動化導入

⬇ ⬇

迅速な新規SaaS導入フロー／環境の確立

運用稼働低減およびリスク検知精度の向上

第1章　第2章　第3章　第4章　第5章　第6章　Appendix

立場が異なる目線での目的整合を考える

　先に船旅の例を記載しました。上述では国家レベルで見た例を記載していますが、実際に航海を担うのは船員です。もし国家が命令によって無理矢理に船員を船旅に出したとしても、それは船員の原動力を失い、長くは続かないでしょう。大航海時代は、国家も船員も共にメリットがあったからこそ到来しているのだと考えます。

　これを企業に置き換えるのであれば、その企業における目的・ゴールは複数の立場から見た目線が必要になるということです。

　働き方改革を例にとるのであれば、

- 経営者目線での目的はゼロトラスト導入による企業利益の向上
- 従業員目線での目的は場所や端末によらない働き方の実現

が立場が違う目的の一例です。

　この2つに共通する項目は、ともに「生産性向上」です。しかし例えば経営者目線では従業員の生産性向上によって、「利益享受を得る」「従業員は会社の場所や時間といった制約から離れ働きやすい環境を得る（結果生産性が向上する）」といったように立場が異なれば目的にはずれが出てきます（**図5-7**）。

　目的を定める際には、全社的な目線で見た際の整合が重要になります。目的整合のためのより良い手段としては「横断した検討会議体」と「情報周知と収集」が挙げられます。

◆ 横断したゼロトラスト検討会議体を設置する

　ゼロトラストの導入目的は複数の立場から見て納得感があるものである必要があります。このもっとも良い検討方法の1つは、複数の立場の人間が集まったゼロトラスト検討会議体を設置することではないかと考えます。

　この検討会議体は経営層をはじめIT担当者・組織統括・現場社員・外部有識者などまずは幅広に人を集め議論を進めて納得できる目的かどうかを検討することが望ましいでしょう。またこの会議体は目的の設置のみならず、ゼロトラストを導入するとなった際にも重要です。何故ならばゼロトラスト導入においては、必ず方向性の見直しの時期がくるからです。このような長期にわたる検討を実施する際に、意思決定および検討機関となる全社横断的な体制・会議体を設置しておく必要があります。

○図5-7：立場が異なる目線で見た目的の整合

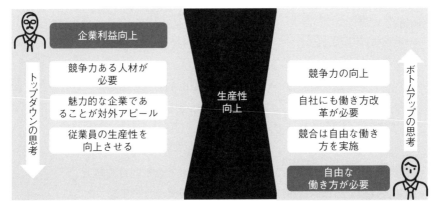

◆ 情報周知と収集

　ゼロトラストの導入目的を定める際には、全社への情報の周知を行うことにより、全社で関わるステークフォルダーの目線を合わせていく必要があります。導入によってどのよう効果が生まれるのか、そしてどのように働き方が変わるのか、これを幅広に周知し、フィードバックを反映する必要があります。この周知と収集はなるべく早期に行うことが肝要です。なぜならば、組織において大きな変革には必ず抵抗が生じるからです。早期の情報周知によって、抵抗を抑えていく必要があります。

5-3　導入検討のアプローチ概要

　5-2節でゼロトラスト導入に向けて重要なことは目的の明確化であると述べました。ここのコンセプトが決まり、その実現に向けてゼロトラストが有効とわかったならば、次に考えるべきは具体的な検討アプローチです。

　そのためには大きく**図5-8**のような整理検討が必要でしょう

　以下では各Stepでどのようなことを実施するのかその概要と狙いを示します。

○図5-8：ゼロトラストの導入プロセス

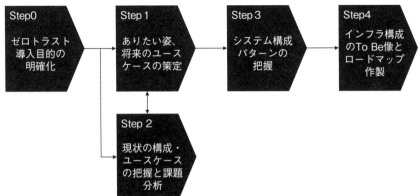

【Step1】ありたい姿、将来のユースケースの策定

Step1で検討すべき内容は、Step0で定めた理想形・ありたい姿から、現実的な実現可能なユースケースを具体化することです（表5-4）。その企業の特性に合わせた働き方の具体的なイメージをStep2で検討する現状把握・課題認識と併せて整理する必要があります。

○表5-4：【Step1】ありたい姿、将来のユースケースの策定

項目	内容
Input	
事前情報	・IT中期経営計画 ・Step0において確認し定めた、ゼロトラスト導入によって実現すべきコンセプト
開始条件	・Step0においてゼロトラスト導入目的が明確化されていること
Process	
検討の目的	・理想像・ありたい姿から現実的に実現可能なユースケースを策定する
主な検討の流れ（※）	①導入目的から業務実態への適合を検討 ②変化の適応範囲を検討 ③肯定的な効果を整理 ④導入優先度と変化指標
検討のポイント	・Step2の現状把握・課題整理と両輪で考える ・Step1では主に業務目線での整理を中心とし、肯定的な効果、優先度を検討
Output	
完了条件	・実現可能な業務変革のユースケースと組織の適応範囲の定義 ・各業務ユースケースにおける優先度付け
主な成果物	・あるべき姿の定義 ・将来の業務ユースケース一覧 ・人・物・組織レベルでの変更範囲定義 ・将来のユースケースがもたらすメリット一覧 ・ユースケース実現に向けた優先度と測定指標の定義 など

※ Step2で整理すべき課題・制約から現実解を検討する

5-3　導入検討のアプローチ概要

第1章

第2章

第3章

第4章

第5章

第6章

Appendix

【Step2】現状の構成・ユースケースの把握と課題分析

　Step1で検討とする理想形・ありたい姿から現実的な構成を検討するためには現在の構成の把握と、ユースケース実現を検討した際の課題・制約事項と対応策をまとめる必要があります（表5-5）。

○表5-5：【Step2】現状の構成・ユースケースの把握と課題分析

項目	内容
Input	
事前情報	・IT中期経営計画
	・Step0において確認し定めた、ゼロトラスト導入によって実現すべきコンセプト
	・現状のシステム構成資料/運用資料
開始条件	・Step0においてゼロトラスト導入目的が明確化されていること
Process	
検討の目的	・現状の資産・課題と理想像・ありたい姿を見定め、課題・制約と対応方針を定める
主な検討の流れ（※）	①現状を把握する
	②付随した変化範囲を定める
	③否定的な影響を洗い出す
	④課題と対応方針をまとめる
検討のポイント	・Step1の将来のユースケース策定と両輪で考える
	・Step2では主にシステム目線での整理を中心に、実現に向けた制約・課題対応を検討
Output	
完了条件	・現状の資産整理
	・ユースケース実現に向けた、課題・制約事項の整理
	・課題事項に対する、対応策の検討
主な成果物	・現状の資産目録
	・システムユースケース一覧
	・導入コスト概算
	・導入に伴うリスク管理・検討表
	・導入に伴う課題・対応検討表

※Step1で整理すべきユースケースからでる課題・制約・対応方針を検討する

【Step3】システム構成パターンの把握

　次に考えることは実際のToBe実現に向けた導入手段です（**表5-6**）。これには現在の資産状況なども鑑みて検討を進めていく必要があります。例えば現状で十分なID管理システムを持っているのであれば、それは既存のものを利用すればよいでしょう。一方でEDRといった端末管理がないのであれば新規導入のために検討する必要があります。

　このように現状のシステムや課題・制約と照らし合わせ、目的の実現のために最適解となるシステム構成パターンの検討が必要となります。

○表5-6：【Step3】システム構成パターンの把握

項目	内容
Input	
事前情報	・IT中期経営計画
	・Step1で定めた将来のユースケース
	・Step2で整理した資産目録
	・Step2で整理した課題・制約事項と対応事項
開始条件	・Step1とStep2がともに完了していること
Process	
検討の目的	・ゼロトラスト導入の構成パターンを収集し、自社の最適構成を模索する
主な検討の流れ	①各ゼロトラスト構成パターンの情報を収集する
	②収集した構成パターンから自社の適応パターンを検討する
検討のポイント	・ゼロトラスト定めた目的によって導入構成が変わってくる。将来的な自社の目的に合致した、現在の最適構成を検討する
Output	
完了条件	・将来的な自社の目的に合致した、現在の最適構成の検討
主な成果物	・構成パターン
	・参考導入費用・運用費用
	・導入・運用事例

【Step4】インフラ構成のToBe像とロードマップ作成

　最後に考えるべきことは全体像と実現に向けてのスケジュール(ロードマップ)です(**表5-7**)。

　特に考えなければいけないことが、どの時点で、ここまで実現されている(実現したい)ということの計画でしょう。これはITの中期経営計画ともリンクしている必要があります。この点を考えるにあたって重要な点は実現したいことの優先度です。目的と効果を考えた際に何がもっとも優先されるのかを決めたうえで実際の導入計画を立てていく必要があります。

　次節以降にて各Stepの詳細を見ていきます。

○表5-7：【Step4】インフラ構成のToBe像とロードマップ作成

項目	内容
Input	
事前情報	・IT中期経営計画
	・Step1で定めた将来のユースケース
	・Step2で整理した資産目録
	・Step2で整理した課題・制約事項と対応事項
	・Step3で整理した構成パターン
開始条件	・Step3が完了していること
Process	
検討の目的	・これまでの検討結果をまとめ、ToBe像、ロードマップを定める
主な検討の流れ	①構成パターンを参考に、実現すべきシステム構成を検討する
	②ユースケース実現に向け、ビジネス・システム計画上重要なマイルストーンを整理する
	③ありたい姿の優先度・実現に向けた制約を鑑み長期的なロードマップを定める
検討のポイント	・コスト・人材・技術的制約をどの時点で解放できるか、最適な段取り、スケジュールを時系列に並べ、ロードマップ化していくことが肝要
Output	
完了条件	・将来的なToBe像とロードマップの策定
主な成果物	・AsIs/ToBe像
	・導入ロードマップ

第1章
第2章
第3章
第4章
第5章
第6章
Appendix

5-4 【Step1】ありたい姿、将来のユースケースの策定

　本節で扱うStepの主目的は、5-2節で定めた抽象化像を現実解に落とし込むことです。5-2節では会社として譲れない支柱を定めることが必要と記載しました。明確化した目的をコンセプトだけで終わらせないために、この支柱を構成する具体的な要素を定める必要があります。

　またこの具体的な要素を検討するためには、現行の状況を正しく分析し、現在の状況からどのように変わっていけるかを考える必要があります。そのためこのStepは5-5節で記載する現状把握・課題整理と両輪で実施する必要があります（図5-9）。

導入目的から業務実態の変化と適合を考える

　ユースケースとは5-2節で定めた目的から、それを利用者の目線にて整理したものとなります。この整理の結果でてくるユースケースは往々にして企業独特の事情や歴史などが含まれており、その企業独特なものとなるはずです。

○図5-9：Step1とStep2の流れ

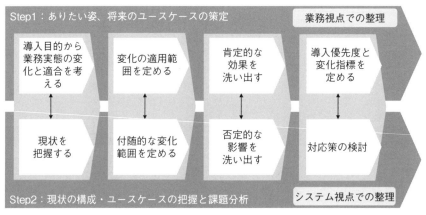

一例として製造業を見てみると、古くからある工場で働く方々の勤務体系に合わせた業務もあれば、IoTデバイスやスマートデバイスなどを活用し勤務している仕事もあるでしょう（**図5-10**）。

このように検討すべきユースケースは企業ごとに千差万別となり、その企業ごとの背景を踏まえてユースケースを把握しておく必要があります。以下に本サブプロセスの主な検討事項を示します。

◆ 業務適合性を検討する

最初に、自社の業務の特性を踏まえ、どの業務が変化可能かを検討します。例えば自社の業務において政府・軍需関連などより機密性の高い情報を扱う部門とバックオフィス部門では、求められる業務／セキュリティ／働き方などが

○図5-10：「導入目的から業務実態への適合」の主検討事項

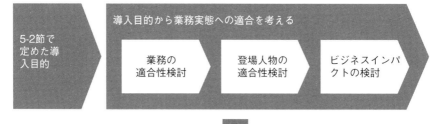

◎参考例

インプット情報	業務の 適合性検討	登場人物の 適合性検討	ビジネスインパクトの 検討
働き方改革としてリモートワークを実現	営業部はリモートワーク可能。加えてスマートデバイスを活用	営業部は全社員共に適合が望ましい	営業の隙間時間を有効活用し、会社に貢献可能
	工場勤務は現場出勤が必須であり適合は難しい		
	経理部はリモートワーク可能	経理情報は機微であり、リモートワークは正社員に限定が望ましい	災害時等に柔軟対応が可能。しかし出勤時と比べて業務改善効果は高くない

まったく違うものとなります。つまりは一企業内においても担当する業務・業種に応じて異なる方向性の検討が必要とされるということです。

◆ 業務を担当する登場人物の適合性を検討する

次に業務を担当する登場人物の適合性を検討する必要があります。この登場人物は業務によってさまざまです。正社員もいれば、パートナーや派遣社員もいるでしょう。各登場人物を整理し、将来のユースケースに適合できるかを検討する必要があります。

◆ 業務変化のビジネスインパクトを検討する

定めた導入目的に対して企業内の各業務部門が変化した際のビジネスインパクトを検討する必要があります。先ほどの例をとり、政府・軍需関連を扱う部門とバックオフィス部門を考えてみましょう。

政府・軍需関連を扱う部門とバックオフィス部門では、扱うビジネスも違えば、求められるセキュリティレベル、実現できる働き方、目指す方向性も異なっていると考えられます。仮に政府・軍需関連を扱う部門がその企業の主力部門であり、企業内のビジネスの大部分を占めるのであれば、この部門の変革は企業の全体変化をもたらすほど大きなビジネスインパクトとなります。このような場合は、例え形態が異なるバックオフィス部門でもその変革に可能な限り体を合わせていくことも考えねばなりません。一方で、政府・軍需関連を扱う部門がその企業にとって小さなビジネスであり、政府・軍需関連の変革が大きなビジネスインパクトとならないのであれば、特殊な業界を扱う政府・軍需関連部門よりも、一般的なバックオフィス部門を優先したほうが汎用性が高いと考えられます。

このように業務変化がもたらすビジネスインパクトの考えかたは企業ごとに異なります。導入検討においては、導入後にどのようなビジネスインパクトがあるのかを企業ごとに検討していく必要があります。

変化の適応範囲を定める

業務実態と適合性を考慮した情報をインプットとし、次にすべきは変化の適

用範囲を定めることです（**図5-11**）。

　ここでは大きく3つの観点で変化の適応範囲を整理し、決めていく必要があります。

◆組織における変化の適応範囲を決める

　全社的な目的から、すべての社員に働き方改革を適用しようとしても上述のとおり業務によっては適応できないこともあります。導入目的を適用すべき組織と例外とすべき組織を線引きする必要があります。

○図5-11：「変化の適応範囲」の主検討事項

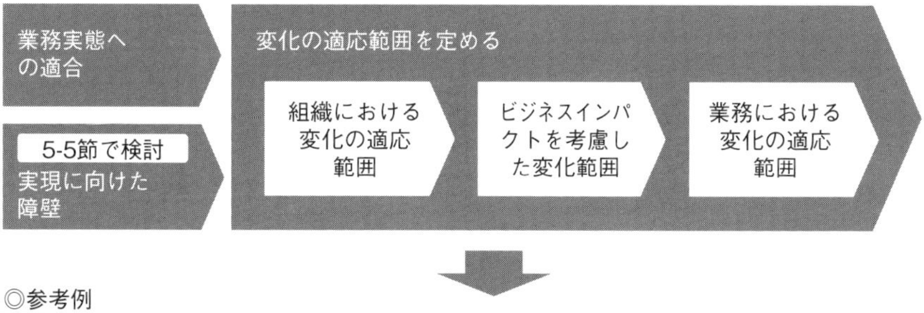

業務実態への適合

5-5節で検討 実現に向けた障壁

変化の適応範囲を定める

組織における変化の適応範囲 → ビジネスインパクトを考慮した変化範囲 → 業務における変化の適応範囲

◎参考例

インプット情報	組織における変化の適応範囲	ビジネスインパクトを考慮した変化範囲	業務における変化の適応範囲
・業務の適合性 ・登場人物の適合性 ・ビジネスインパクト ・実現に向けた障壁	営業部はすべて対象（正社員以外も含む）	正社員を対象とするが、営業力強化が急務のため早々に正社員外にも適用を進める	・ノートPCのほかにスマートデバイスを活用 ・端末非依存でリモートワークを実施
	・工場勤務者の業務は現状継続として、変化の対象外とする ・ただし工場管理者はリモートワーク端末を付与し、リモートワーク可とする		
	その他社員	変化の範囲が大きいため、一部範囲のみを先行利用とする	・リモートワークのために固定端末からノートPC端末に変更

191

◆ ビジネスインパクトを考慮した変化範囲

ここでは大きく業務やビジネスへの影響を考慮し、変化の範囲を定めていく必要があります。この検討では5-5節で検討する実現に向けた障壁も考慮すべき必要があります。

ビジネスインパクトを考慮した際に考慮すべき点は大きく2つ考えられるかと思います。1つ目は急激な変化に対するビジネスへの影響です。2つ目は実現に向けた障壁からくるビジネスジャッジです。

1つ目のビジネス影響は想像しやすく、例えば今までリモートワークがない企業が、明日からリモートワークを実施するとなったとして、いきなり全社員が適応できるわけはありません。またその企業独特の諸々の問題も噴出してくることでしょう。このようなことを防ぐためには、ビジネスインパクトを考慮した展開計画が必要です。これは第6章にて記述します。

2つ目がビジネスジャッジです。いかに理想を描いたとしても実現するコスト・システム上の限界・リスクなどさまざまな理由が実現に向けた障壁になります。必要に応じて経営目線での導入取りやめ・延期・段階的導入などを判断する必要があります。

◆ 業務における変化範囲

次により具体的な組織・人・物といった細かい単位で、変化対象をまとめておく必要があります。例えば次のような変化です。

＜変化前＞
• 営業部の社員は社内の固定端末で業務を実施
　　↓
＜変化後＞
• 営業部の固定端末は廃止し、ノートPCを支給
• 営業部社員は客先訪問が多いため、固定席から自由席に変更
• 自由席には大型のモニターを準備
• 営業部社員は全員モバイルWi-Fiルータを貸与
• 営業部社員はタブレット端末を貸与

肯定的な効果を洗い出す

　ここまでで業務への適合性と変化の範囲を考えました。ここからはユースケース実現時に得られる肯定的な効果と否定的な効果を検討する必要があります。否定的効果は5-5節に記載するため、ここでは肯定的な効果について考えてみましょう。ここでも大きく3つの観点で肯定的な効果を整理しておく必要があります（図5-12）。

◆ 立場が異なる登場人物の効果

　最初の整理として先に整理した登場人物ごとに得られる効果を考えてみましょう。例えば上述の例では営業部には正社員と派遣社員が対象と記述しました。

○図5-12：「肯定的な効果」の主検討事項

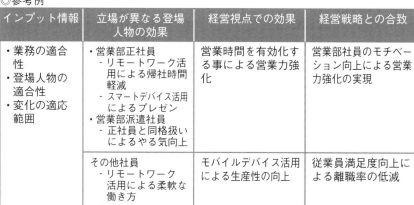

◎参考例

インプット情報	立場が異なる登場人物の効果	経営視点での効果	経営戦略との合致
・業務の適合性 ・登場人物の適合性 ・変化の適応範囲	・営業部正社員 　- リモートワーク活用による帰社時間軽減 　- スマートデバイス活用によるプレゼン ・営業部派遣社員 　- 正社員と同格扱いによるやる気向上	営業時間を有効化する事による営業力強化	営業部社員のモチベーション向上による営業力強化の実現
	その他社員 　- リモートワーク活用による柔軟な働き方	モバイルデバイス活用による生産性の向上	従業員満足度向上による離職率の低減

この両者をとっても立場が異なることによって効果は違ってくるのではないか
と思います。例えば両者の効果としては、それぞれ以下のようなものがあるの
ではないでしょうか。

＜正社員＞
【背景】過去にリモートワークのような働き方がなかった
- 将来的なユースケース実現時の効果
  - 場所や機器に依存しない環境で業務に従事。結果従業員のモチベーション
    向上が見込まれる
  - 他社から見て魅力的な環境で働ける
  - 旧来のような、会社の押し付けを取っ払った自由な環境で業務ができる

○図5-13：経営戦略との合致

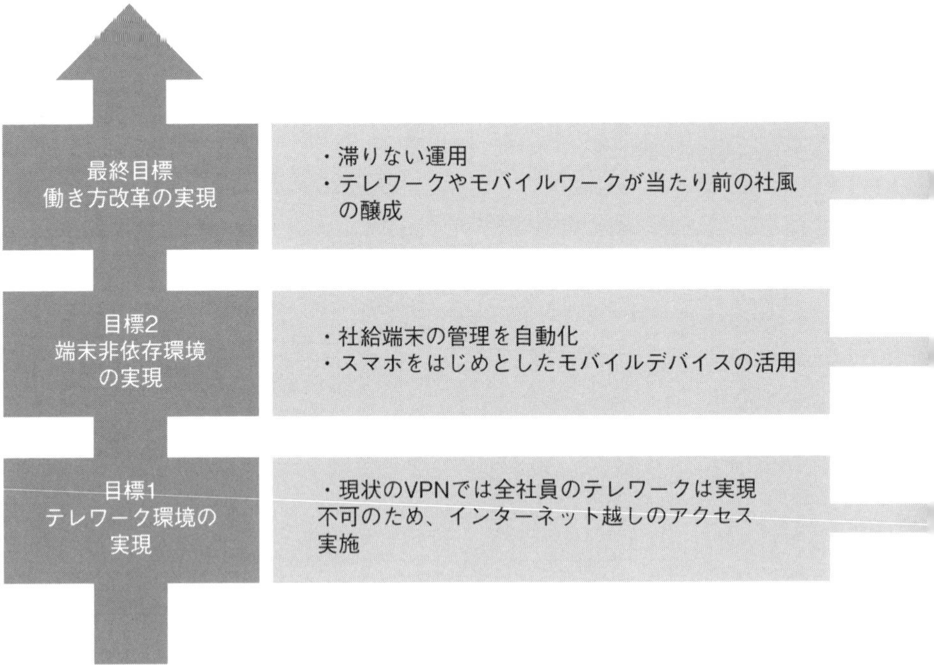

最終目標 働き方改革の実現	・滞りない運用 ・テレワークやモバイルワークが当たり前の社風の醸成
目標2 端末非依存環境 の実現	・社給端末の管理を自動化 ・スマホをはじめとしたモバイルデバイスの活用
目標1 テレワーク環境の 実現	・現状のVPNでは全社員のテレワークは実現不可のため、インターネット越しのアクセス実施

<派遣社員>

【背景】派遣元や他派遣先はすでにリモートワークが許されていた

• 将来的なユースケース実現時の効果：

　　－今までと比べて、やっと派遣元と同等レベルが許された

　　－正社員と同格の扱いを許容されることはモチベーションアップにつながる

　この例のように立場が違えば、同じ効果を享受しても得られる効果は異なってきます。この例では正社員や派遣社員の例を挙げましたが、実際には管理職・新入社員・転職者・出向者などなど複数の立場があります。これらの立場の目線で得られる効果を抑えておく必要があります。

施策によって得られる効果

従業員目標で得られた効果	経営目線で得られた効果
・他社から見て、先進的な環境で働いていること	・従業員満足度の向上による、離職率低減 ・先進環境のアピールによる優秀な人材の獲得
・モバイルデバイスで業務ができる ・使い慣れた・愛着がある端末を業務で利用	・モバイルデバイス活用による生産性の向上
・通勤時間を別な時間に充填 ・好きな場所・時間で業務を実施 ・自由裁量の向上	・従業員の生産性向上 ・オフィス脱却の検討が可能 ・集約したNW回線コストの低減

得られる効果

ここで得られる効果が、経営戦略に合致しているかどうかを都度確認していく必要がある

◆経営視点での効果

　立場が異なる目線としては、経営視点も忘れてはなりません。経営視点での効果は、投資に対して期待される効果であるかが重要です。

　例えば次のようなものがそれにあたるでしょう。

・目的
　経営者目線での目的はゼロトラスト導入による利益享受
・効果
　- 従業員の働く環境：改善することで生産性を向上した結果、会社の利益が向上する
　- セキュアな環境：実現することで、情報漏えいなどを防ぐ。結果、その企業の重要情報の保護し、機会損失や名誉失墜を防いだ安定経営ができる

◆経営戦略との合致

　経営視点では、全社的に得られる投資対効果を最大にするように戦略を組み立てています（**図5-13**）。施策の準備に当たってはこの戦略に合致していく必要があります。言い換えると、経営層を含む、各登場人物が得られる肯定的な効果は経営戦略に合致していく必要があります。

導入優先度と変化指標を定める

　定めたユースケースにおいて、実際には導入目的や実現障壁から見る優先度が存在します。また優先度を決めたことによって、実現するステージが段階的に実現されることとなります（**図5-14**）。それぞれのステージにおいて十分効果が出て、次のステージに向かうに足る判断指標が必要となります。

◆現実的な導入優先度

　経営目標や実現コスト、ビジネスインパクトなどさまざまな理由によって将来的なユースケースの実現では段階的な導入が不可欠です（**図5-15**）。また5-7節で定めるロードマップ策定の事前準備としてもそれぞれのユースケースにおける導入優先度を定めておく必要があります。

◆導入の評価指標

　導入優先度はステージと捉えることができます。次のステージに進むための判断指標を設ける必要があります。評価指標は立場によって変化します。例えば、システム目線では新規運用の稼働負荷の低減などが指標ですし、新規転職者の獲得であれば、獲得率や採用応募率などがその指標の1つとなります。このようにステージごとに採用すべき評価指標は異なってきます。

　一方で導入目的を評価すべき指標は全ステージにおいて必要となります。例えば働き方改革を謳うのであれば従業員満足度などがその指標の1つでしょう。従業員満足度が各ステージを進むごとに上昇している必要があります。

○図5-14：「導入目的から業務実態への適合」の主検討事項

◎参考例

・導入目的 ・業務の適合性 ・登場人物の適合性 ・ビジネスインパクト ・変化の適用範囲 ・実現に向けた障壁	① 課題解決を優先し、営業部正社員の一部にリモートワークを導入する	① 特定社員の満足度、特定社員の売り上げ達成率
	② 営業部正社員全体にリモートワークを導入する	② 営業部正社員の満足度・売り上げ達成率
	③ 営業部正社員にスマートデバイスを導入する	③ 営業部正社員の満足度
	④ 営業部派遣社員全体にリモートワーク・スマートデバイスを導入する	④ 営業部全体の満足度、営業部全体の売り上げ達成率・課題発生率
	⑤ 全社リモートワーク展開に向けて、一部部署にリモートワークを導入する	⑤ 一部部署の従業員満足度・離職率
	⑥ 全社リモートワーク展開を実施する	⑥ 全社導入部署の従業員満足度・離職率

○図5-15：導入優先度の設定イメージ

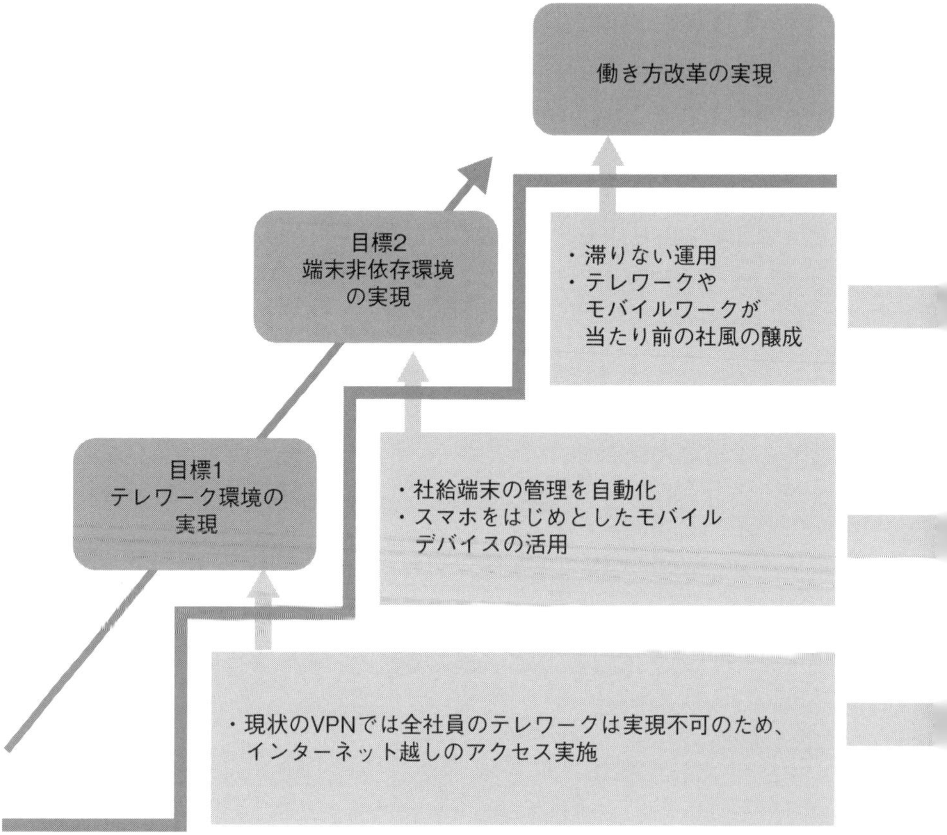

働き方改革の実現

目標2
端末非依存環境
の実現

・滞りない運用
・テレワークや
　モバイルワークが
　当たり前の社風の醸成

目標1
テレワーク環境の
実現

・社給端末の管理を自動化
・スマホをはじめとしたモバイル
　デバイスの活用

・現状のVPNでは全社員のテレワークは実現不可のため、
　インターネット越しのアクセス実施

5-5　【Step2】現状の構成・課題分析

　現状の調査と課題の分析を行うゼロトラスト導入は全社の統制見直しなどの
ような大きな変革を伴う活動となるため、実際の導入においては事前に定めた

第**1**章

第**2**章

第**3**章

第**4**章

第**5**章

第**6**章

Appendix

実現のための課題

・アラートログ管理といった
　運用稼働の低減
・新規課題の把握と解消

・モバイルデバイスの管理
・端末非依存のための端末
　管理システムの刷新
・新規統制の公布

・リモートからのアクセス可・
　不可システムの区分
・社員の権限によるアクセス管理の実現

　ゴールに照らし合わせる形で、まず現状を正しく分析する必要があります。現状分析をしないままゼロトラストの導入を進めると、課題の見落としによる後戻りや、経営層の協力を得られない事態が発生するおそれがあります。

　5-4節では主に業務整理を中心として観点整理を実施しました。本節では5-4節で述べた内容と対比し、主にシステムや運用といった業務を支える要素の現状把握および課題分析の手法・留意事項について述べます。

現状を把握する

　課題抽出に先駆けて、まずは現状分析を行う必要があります。現状把握は主に、システムや運用、業務を支えるワークフローといった諸々の情報を整理・把握する必要があります。理想的(本質的には)には通常業務の中ですべての内容が維持管理できている必要がありますが、現実的にはこれらの整理ができていないことが常でしょう。それもそのはずでレガシーシステムでは大規模な物理機器構成をとっており把握は難しいからです。そこで本プロセスにおいて、可視化し、把握する必要があります。この際すべての整理は難しいと考えられるため、まずは5-4節で検討を実施した業務実態への適合に範囲を絞って検討を進めていくことが有用な一手と考えます。

　このプロセスは非常に大きな労力がかかりますが、5-4節で述べた評価指標を生かすためには避けては通れないものとなります。例えば現状のコストを正

○図5-16：「現状の把握」の主検討事項

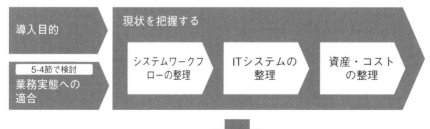

インプット情	ワークフローの整理	ITシステムの整理	資産の整理
・導入目的 ・業務実態への適合検討結果 ・現在の運用資料各種	・各業務にてどのようなワークフローが発生しているか確認する 　：	・ネットワーク ・システム構成 ・連携システム ・利用クラウドサービス ・認証・認可構成 ・運用項目 ・運用負荷 　：	・機器構成 ・機器やソフトのサポート・EOS ・クラウド利用料 ・NW回線利用料 ・機器やソフトのコスト ・運用コスト 　：

確に把握できていないのに、ゼロトラストを用いたコスト適正化などできるはずもないですし、現在の運用で大きな課題を抱えている状況であれば、ゼロトラスト化と切り離して課題を解決しておく必要があります。

現状把握にはいろいろな整理が必要ですが、まずは大きく3つの観点で現状を把握し整理していくのが良いでしょう。

◆ システムワークフローの整理

5-4節では業務実態の適合整理を実施しました。このプロセスでは各業務はどのようなシステムワークフローが上流から下流までどのように流れているのかを把握する必要があります。

◆ ITシステムの整理

ITシステムは複数の観点で整理が必要です。なぜならゼロトラスト導入における変化はクラウドの導入であり、システムインテグレーションであり、エンハンスでもあるからです。このAsIs/ToBeを整理するために各システムワークフローが現在どのような構成にて実装されているのか、連携システムはどうなっているか、運用はどうなっているかなどさまざまな整理が必要となります（**表5-8**）。

◆ 資産・コストの管理

ITシステムの整理を実施したら次に実施すべきは資産・コストの管理です。変えていくべき・もしくは流用できる機器やサービスを把握するためにもこのプロセスは必要となります。

例えば、サポート切れ対応による端末の一斉切替などを実施した直後では、ゼロトラストに最適化された端末を再配布することは現実的に難しい話です。そのため、ゼロトラストの適用を進めていく際には、コスト観点での適用時期の見極めも重要となります。また、ゼロトラスト適用後の効果を観測するためにも、適用前のシステムコストがどの程度なのかを把握しておくことも必要です（**表5-9**）。

○図5-17：システムワークフローの整理イメージ

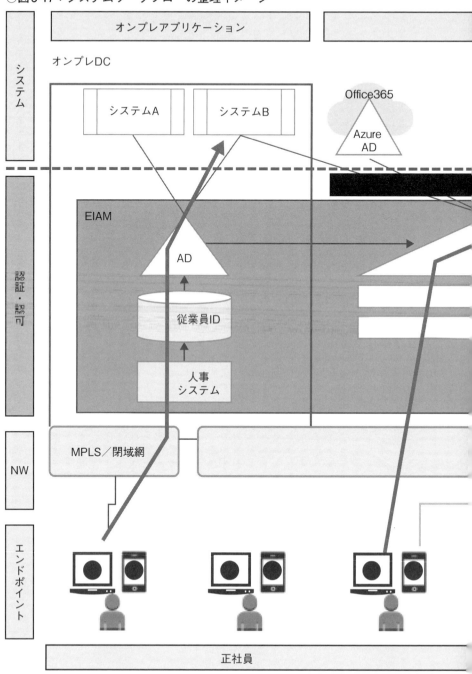

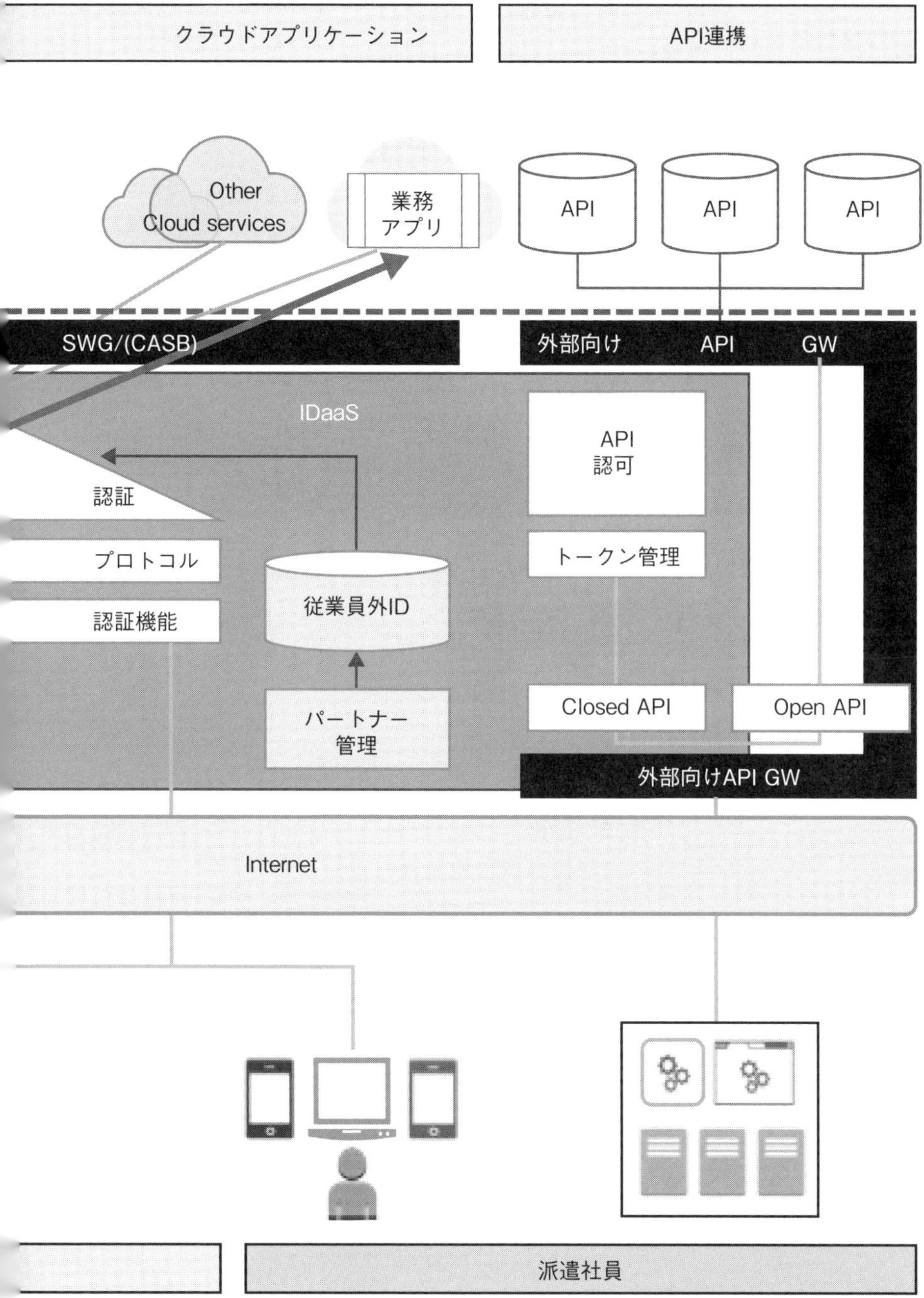

クラウドアプリケーション	API連携

Other Cloud services

業務アプリ

API API API

SWG/(CASB)

外部向け API GW

IDaaS

認証

API認可

プロトコル

トークン管理

認証機能

従業員外ID

パートナー管理

Closed API

Open API

外部向けAPI GW

Internet

派遣社員

第1章

第2章

第3章

第4章

第5章

第6章

Appendix

203

○表5-8：ITシステムの整理イメージ

ITシステムの整理	情報の整理資料	セキュリティ実装
運用	・運用設計書	・ITILに基づく運用
	・月次報告書等各種レポート	・事業者によるSOCレポートの受領
	・インシデントなどの発生率	
システム層	・システム設計書	・ウィルス対策ソフト
		・証明書によるSSHアクセス
認証・認可層	・認証認可設計書	・特権ID管理システム
	・アクセス履歴	・オンプレミスAD
ネットワーク層	・ネットワーク設計書	・閉域網接続
	・LAN/WAN論理・物理構成図	・一部VPN利用
		・FW構成
物理層	・ラック構成図	・DC入館管理
	・サーバー設計書	・サーバー管理者パスワード管理
エンドポイント層	・端末機器設定書	・ウィルス対策ソフト
	・端末マスター設計書	
	・端末故障率	

○表5-9：資産情報の整理イメージ

資産・コストの整理	情報の整理資料	整理すべき情報
運用	・月次報告書等各種レポート	・運用コスト
	・運用SEの月次稼働	・運用稼働・体制
システム	・機器・SW購入明細	・機器やSWの購入費
	・月額保守請求書	・機器やSWの保守費用
	・クラウド利用料	・機器やSWのEOS
		・クラウド利用料金
ネットワーク	・回線購入明細	・回線利用料
	・月額利用料	・回線帯域使用率
	・月次レポート	
ファシリティ	・DC利用契約書・明細書	・DC利用料
エンドポイント	・端末調達明細	・端末のEOS
	・保証書	・端末保守情報
		・端末調達情報

付随的な変化範囲を定める

5-4節では導入目標を実現するために必要となる業務の変化と適用範囲の定義を行いました。一方、ここでは5-4節で定義した業務の変化を実現するための付随的な変化を整理します。

例えば5-4節での一例としてスマートデバイスの活用を記載しました。これには新たな端末管理が必要です。他にもスマートデバイスからアプリを違和感なく使うためのUIの改修や、ネットワークアクセス経路の変更、新しい認証・認可の仕組み、紛失時運用などなど付随的な変化で考えるべき項目は山のように発生します。

○図5-18：「付随的な変化範囲」の主検討事項

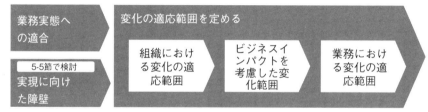

◎参考例

インプット情報	組織における変化の適応範囲	ビジネスインパクトを考慮した変化範囲	業務における変化の適応範囲
・業務の適合性 ・登場人物の適合性 ・ビジネスインパクト ・実現に向けた障壁	営業部はすべて対象（正社員以外も含む）	正社員を対象とするが、営業力強化が急務のため早々に正社員外にも適用を進める	・ノートPCの他にスマートデバイスを活用 ・端末非依存でリモートワークを実施
	・工場勤務者の業務は現状継続として、変化の対象外とする ・ただし工場管理者はリモートワーク端末を付与し、リモートワーク可とする		
	その他社員	変化の範囲が大きいため、一部範囲のみを先行利用とする	・リモートワークのために固定端末からノートPC端末に変更

第1章

第2章

第3章

第4章

第5章

第6章

Appendix

○図5-19：システムユースケース俯瞰図のイメージ

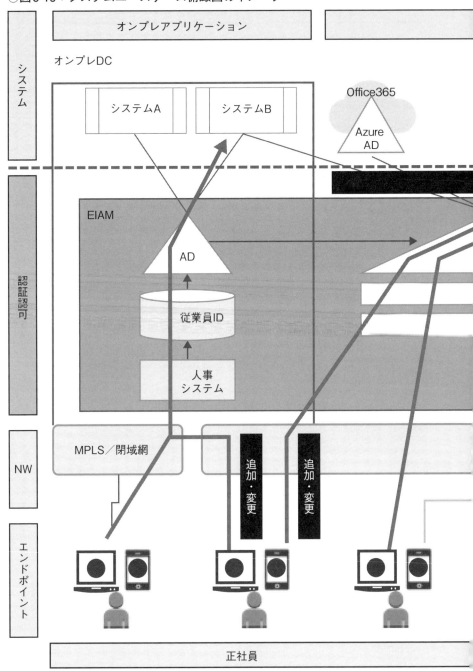

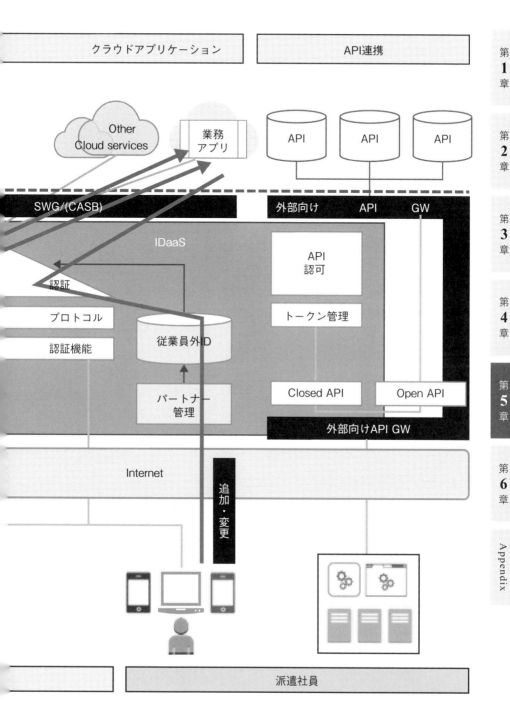

これらの付随的な変化は1つひとつが解決すべき課題でもあり、5-4節で定め
た必要な変化のための必要条件となります。言い換えるなら付随的変化の対応
方針を定めなければ必要な業務の変化を実現することはできないということで
す。ここでは大きく3つの観点で整理してみるのが良いでしょう（**図5-18**）。

◆ 変化するシステムユースケースを定める

業務の形が変更すれば、当然それに付随してシステムへの要求や使い方も変
更となります。まずは現状と比較してどのような変更が発生しているのかを定
める必要があります。また検討にあたっては全体を俯瞰できる俯瞰図とユース
ケース一覧表を用意することが望ましいでしょう（**図5-19**）。

システムユースケース可視化に当たっての一覧表は、特にアクセス元とアク
セス方式、認証方式、アクセス先を4つの観点を整備することが肝要です。ま
たこれらの4つの観点には次のような要素を包含している必要があります。

- アクセス元
Where（どこから）、Who（誰が）、What（何で）
- 認証
認証方式（トラスト確認方法）、ID連携先（トラスト確認先）

○表5-10：システムユースケース一覧表のイメージ

追加変更	アクセス元			認証	
	場所	対象	デバイス	認証方式	ID連携
	自社	正社員	・貸与PC	ID/PW	AD
○	自社外	正社員	・貸与PC ／貸与モバイルデバイス	ID/PW MFA	IDaaS
○	自社内外	営業部	・貸与PC ／貸与モバイルデバイス	ID/PW MFA	IDaaS

- アクセス方式

  利用形態(何を経由し)、経路(どの経路で)

- アクセス先

  システム(どこの)、インフラ(どこ管理の)、データ(何に)、データ区分(機密レベルは)

第 1 章

第 2 章

第 3 章

第 4 章

第 5 章

第 6 章

Appendix

◆ 変化が必要なシステムを定める

次にシステム俯瞰図を参考として、ユースケース実現に向けて追加・改修が必要なシステムを定めていく必要があります。

例えば図5-19では、新規要件としてインターネットからオンプレミス環境上のシステムへのアクセスを記載しています。これ1つとってもインターネットからオンプレミスへのアクセス方式や、インターネット利用のための端末セキュリティの増強、すでに利用中のIDaaSの拡張など、現状の保有資産や構成と見比べ、新規構成や調達コストなど諸々の検討が必要となります。

◆ 変化が必要な運用項目を定める

システム変更と同様に運用変化も定めていく必要があります。同様に、新規要件としてインターネットからオンプレミス環境上のシステムへのアクセスの場合を考えてみましょう。

アクセス方式		アクセス先			
経路	利用形態	システム	インフラ	データ	データ
MPLS	直接接続	勤怠管理システムへの利用	オンプレ	勤怠データ	重要
VPN	直接接続	勤怠管理システムへの利用	オンプレ	勤怠データ	重要
Internet	セキュアブラウザ	CRM	SaaS	顧客データ	機密
				売上データ	

　オンプレミス上のシステムに対して、新しくインターネット接続という経路が増えています。運用者はこの経路およびアクセス方式に対する監視や障害対応など新しい運用項目が増えることになります。また利用者にとっても、ネットワークへの接続手順が変わることになります。

　このような環境変化が発生すれば、利用者に対してどのような手順でアクセスを実施できるのかといった点をシステム管理者は周知する必要があります。よくある手法としては利用手順書の公開・FAQの準備などでしょうか。利用するシステムやソリューションの変更に伴って必要とされる運用も変わってきますので正しい運用のために何をいつまでに整理する必要があるのかを検討する必要があります。

◆ 実現方式の構想

　変化範囲がある程度見えてきたら、ユースケース実現に向けてどのような方式導入が望ましいか検討をし、凡そのあたりをつけていく必要があります。具体的な構成は、5-7節で実施しますが、この段階である程度の目途をつけ、コスト感や課題感を出す必要があります。

　参考ではありますが、本書でも第4章や5-6節にゼロトラストの導入要素を載せていますので、これを下敷きに検討していくのも一手です。

○図5-20：「否定的な影響」の主検討事項

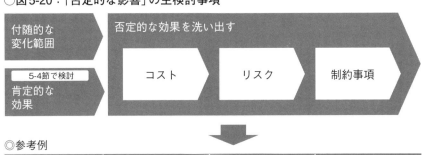

インプット情報	コスト	リスク	制約事項
・課題と対応策 ・肯定的な効果	・調達費用 ・開発・保守費用 ・運用費用 ・リスク対応費用	・デバイス紛失 ・運用負荷の増大 ・不正利用の増大 ・投資コスト見合わない効果	・技術的制限 ・EOS ・予算 ・業務上の反発

○参考例

否定的な影響を洗い出す

5-4節では肯定的な影響を考えました。これの対となる否定的な影響も重ねて整理する必要があります。肯定的な影響と否定的な影響を天秤にかけ、踏み切れるかを検討することも必要ですが、否定的な影響をどれだけ抑えることができるかも検討していく必要があります（**図5-20**）。

◆コスト

否定的な影響として、真っ先に挙げられるのはコストです。本書でも何度か触れていますが、ゼロトラストの実現に向けては多くの投資が必要となります。肯定的な影響を享受するために必要となるコストをまとめておく必要があります。

またゼロトラストのソリューション導入に伴って、どのような資産品目が影響を受けるのかに加えて、廃棄可能となる資産についても併せてまとめておく必要があります。

◆リスク

変化に伴って、新たに生まれる、もしくは既存運用に影響を与えるリスクをまとめておく必要があります。例えばリモートワークなど外部での業務を許すとした場合に真っ先に気になるのは情報漏えいでしょう。カフェなどで仕事をして盗み見されないか、デバイス紛失にて漏えいしないか等気にすべき項目が多々出てきます。このような変化に付随して新たに気にすべきリスクを整理する必要があります。

またわかりにくいリスクとして投資効果の観点もあります。ゼロトラスト導入においては、働き方改革や利便性といった側面にスポットが行きがちですが、実際の導入後として「思ったよりも効果が出なかった」「アラートやポリシー設定など、運用が非常に重たい」といった声も上がっています。

本章でも5-6節、5-8節に参考例を記載していますが、類似の導入事例などを参照し、導入において否定的な側面で情報を収集することも重要な観点です。

◆ 制約事項

　否定的な影響として、各種の制約事項をまとめておく必要があります。これは技術的制約などが代表されますが、大きく分類すると「技術的制約」「費用的制約」「時間的制約」「業務的制約」「歴史的制約」の5つをまずは整理していく必要があります。

・技術的制約

　導入ソリューションや、自社のIT環境からくる技術的制約をまとめておく必要があります。例えば、メインフレームなどのシステムを現役で利用している企業も多くあります。メインフレームに、ゼロトラストソリューションをそのまま導入することはできないため、どのように導入していくかという課題・制約が出てきます。また単純に導入ソリューションが提供する機能を比較し、自社要望とのFit＆Gapの検討も必要となります。

・費用的制約

　費用面でもっとも重要となるのは予算です。企業のリソースは有限ですので限られた予算内で導入を進めていく必要があります。また費用が許す範囲でのソリューションを選ぶことによって、生まれる技術的制約もあります。例えばメジャーなIDaaSと比べ、安価な国産IDaaSを利用するなどといった場合、他クラウドサービスなどの連携などで技術的制約が出てくるといったこともあります。

・時間的制約

　時間的制約は守るべき計画とそれに影響を与える制約要因の整理です。例えばHW/SWのEOS（End Of Sales/Service/Support）などは代表的な要因です。また資産状況と鑑みて制約事項となることもあります。例えば全社一斉に端末更新を行った直後に端末変更をすることはできないでしょう。この場合はある程度減価償却がすむまで待つ必要性が出てきます。

・業務的制約

　これは業務的特性や業界特有事項から生じる制約の整理です。先の例を取り

第 1 章

第 2 章

第 3 章

第 4 章

第 5 章

第 6 章

Appendix

上げると、工場勤務においては本社勤務と同様の勤務体系を受け入れることができないといったことがあります。また業界的な事情からくる制約事項もあります。政府・軍需関連を扱う業務であれば、他と一線を画すレベルでのセキュリティ／統制が求められるかと思います。このような業務・業界的事情を鑑みた制約事項を整理する必要があります。

• 歴史的制約

　これは、その企業独特の事情からくる制約事項の整理です。例えばレガシーシステムを例にとると、多大なこだわりにて開発したシステムなどは、時流にそぐわないからといっておいそれと更改できないでしょう。他に平均年齢が高い組織や低い組織などでも新しい働き方の導入障壁は異なってくるでしょう。このような企業・組織独特の事情に基づく制約事項を整理する必要があります。

対応策の検討

　システムユースケースの実現に向けて、システム・運用の両面から見た際に多くの課題・検討事項が発生します。これに対する対応策を検討する必要があります。

○図5-21：「対応策の検討」の主検討事項

◎参考例

インプット情報	課題策定	対応策の検討
・肯定的な効果 ・否定的な効果	現状のシステムの一部はクラウド利用できない、そのためのセキュリティを考える必要がある	クラウド利用不可なシステムはゼロトラストのフレームに無理に合わせず、セキュリティの多層防御にて実装する

対応策はコスト・リソースをかけて必ず課題解消に持っていく必要なものも
あれば、ビジネスジャッジのうえで課題を許容・切捨てるといったことも必要
となります。ビジネスジャッジを求める際は5-2節で定めた導入目的の振り返
り、あるいは検討した会議体に意見を求めてもよいでしょう（**図5-21**）。

また当然ですが、この課題と対応は構想書や課題管理表のようなものにまと
め、経緯を追跡できる必要があります。

5-6　ゼロトラストの構成パターン

ゼロトラストを実現する構成パターンは、組織の将来ありたい姿をIT利活用
やサイバーセキュリティ強化の観点から検討していくことになります。ゼロト
ラストモデルの導入を「セキュリティ施策」としてのみ推し進め、内向きのデジ
タル化について議論しない場合は、運用への負担が大きくなり投資対効果を得
られにくく、そもそも、施策を円滑に進めることも難しくなりがちです。

どのような目的を設定し、ゼロトラストの導入の検討や推進をするのが良い
のでしょうか。本節では、ゼロトラストの実現を目指す企業で掲げられている
ゼロトラストの目的の代表例を示したうえで、ゼロトラストを実現する構成パ
ターンについて説明していきます。

ゼロトラストの目的

ゼロトラストの必要性を解説する場合、「ネットワーク境界内は、従来と比較
し、安全ではなくなっている」という文脈で語られることが多い傾向にありま
す。しかし、適切なセキュリティ施策が実現できれば、組織のネットワーク境
界の内外は関係なく、従来以上に高度なセキュリティを実現することが可能で
す。

図5-22は、ネットワーク境界と信頼境界の対比を図解したものです。Attack
Surface（攻撃者が侵入しうる領域）は、ネットワーク境界の外に限定されませ
ん。ネットワーク境界の内側にもAttack Surfaceは存在しています。APTなど

○図5-22：ネットワーク境界と信頼境界の対比

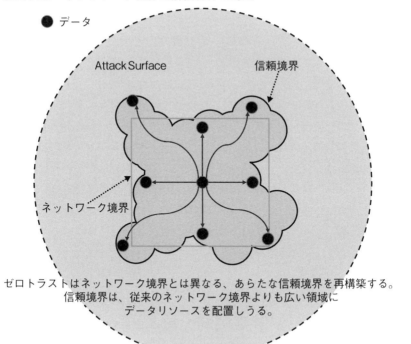

ゼロトラストはネットワーク境界とは異なる、あらたな信頼境界を再構築する。
信頼境界は、従来のネットワーク境界よりも広い領域に
データリソースを配置しうる。

の攻撃者にネットワーク内へ侵入され、BOT化した端末が存在する状況があり
ます。対して、信頼境界は、ネットワーク境界の内側にも外側にも存在してい
ます。つまり、各企業がめざすアーキテクチャとそのセキュリティの在り方に
よって、従来よりも広い範囲にデータを配置し、セキュリティの高度化と合わ
せて、従業員の利便性を向上させる可能性があることを示唆しています。

　ゼロトラストを導入するに際しては、信頼境界を各組織の戦略となる目的に
適合するように設定することが重要になります。組織がゼロトラストをセキュ
リティ戦略に掲げる目的を大別すると、次のいずれかでゼロトラストの導入に
踏み出す場合が多いように思います。

- セキュリティレベルを担保しつつ、システムの利便性を高めるアーキテクチャ改革を図ること
- これまで実施していた境界防御モデルのセキュリティアーキテクチャと比較して、高度なセキュリティを実現すること

そこで、この2つの目的を念頭におき、組織が採用しうるゼロトラストの代表的な構成パターンを示します。

なお、上記の目的を実現する企業の環境として、従業員がメールやインターネットを利用する、また、通常業務を実施する「執務環境」、企業の顧客がインターネットショッピングや予約・ポイント交換などで利用する「商用環境」、強固なアクセス制御をかけ、インターネット接続などを行わずに業務を実施する「特殊業務環境」の3つの環境が想定されます。その中でも、本章では、ゼロトラストの導入に適しているか否かという観点から、解説の対象範囲を「執務環境」に限定し進めていきます。

商用環境は、境界を取り除いたアーキテクチャ改革を図ったとしても、管理・運用業務を行う従業員の利便性が向上しないケースがあること、特殊業務環境は、インターネットから環境を隔離することでセキュリティのレベルを担保しており、そもそもインターネット環境が存在しないケースが多いという理由でゼロトラストの導入に適していないと考えられます。ただし、商用環境については、管理・運用業務をテレワークで実施できるようになるという観点であれば、利便性向上に繋がる可能性はあります。

利便性の向上とセキュリティ強化に対するアプローチ

前述のとおり、高度なセキュリティの実現や、従業員が業務を遂行する際の利便性の向上が、ゼロトラストを導入する目的としてあげられます。ここからは、利便性の向上、セキュリティの高度化という観点をもう少し具体的に解説していきます。

◆ 利便性の向上に対するアプローチ
業務を実施するうえでの利便性を向上させることは、従業員のエンゲージメ

ント向上にも繋がることから、企業の課題の1つに挙げられます。利便性向上
の検討にあたり、次の3つの観点で解説していきます。

①ローカルブレイクアウト
②スマートデバイスの活用
③複数サービスの認証におけるシングルサインオン

①ローカルブレイクアウト

　多くの企業が利用する、メールやチャット、Web会議などのコミュニケーショ
ンツール、グループウェア、ファイル共有などの代表的なアプリケーションの
クラウドサービス化が進んでいます。クラウドサービスに接続し、業務を行う
場合も増加していることから、組織のネットワークへ接続したうえで業務を実
施する必要性は低下してきています。そこで、組織のネットワークを経由せず
に直接上記のクラウドサービスへ接続する、いわゆるローカルブレイクアウト
と呼ばれるアーキテクチャを検討するケースが増加しています。また、ローカ
ルブレイクアウトを採用した結果、インターネットへ接続する際に、組織のネッ
トワークへVPN接続をするという過程を省略することが可能です。結果とし
て、多くのユーザがデータセンターへVPNで接続を行うことによる回線帯域の
不足や、発生する通信遅延などのオーバーヘッドを解消することが考えられま
す。通信遅延が解消されることで、画面上の操作と実際に行いたい操作の間の
内容に差が生じにくく、円滑に業務を行うことが可能になります。

②スマートデバイスの活用

　さらにクラウドサービスは、スマートフォンのアプリケーションやブラウザ
による接続が可能なものが多いです。そのため、移動時間などのわずかな隙間
時間を活用し、コミュニケーションツールを利用するといった業務の仕方も可
能です。

③複数サービスにおける認証のシングルサインオン

　また、異なるシステムやサービスを利用する際に、都度、認証情報を入力す
る必要があると、従業員に負荷がかかります。認証の技術要素の1つとなるシ

ングルサインオンを活用し、一度の認証で複数のシステムやサービスを利用可能にし、従業員のパスワード管理の負荷を低減させているケースも多くみられます。

◆ セキュリティ強化に対するアプローチ

高度なセキュリティの実現を目指すにあたっては、組織外の環境も含め、自社のデータを保有している範囲についてのセキュリティ対策の検討が必要になります。また、接続先や接続元の範囲が増加するに従い、Attack Surfaceの範囲は広がります。そのため、ゼロトラストの導入にあたっては、どこまでの対策が自社で可能であり、どこまでリスクを許容できるかといった検討が重要になります。

本節では、クラウドサービスの利用時に検討すべき事項を例に第4章で示した技術要素を交えて、以下の観点で解説していきます。

①クラウドアクセス時のセキュリティ
②ローカルブレイクアウト時のネットワークセキュリティ
③スマートデバイスのセキュリティ
④データ流出対策

①クラウドアクセス時のセキュリティ

まず、クラウドサービスへアクセスする際のセキュリティについて検討が必要です。クラウドサービスへ接続する際の認証・認可の管理は、各企業が責任を持つ範囲となります。そのため、クラウドサービスの出入り口の認証・認可の検討は非常に重要です。

第4章で説明をしたとおり、認証を強化する対策として多要素認証があります。一方で、異なるシステムやサービスを利用する際に、都度、認証情報を入力する必要がある場合、従業員に負荷がかかります。そのため、パスワードの使い回しや、簡単なパスワード設定を実施してしまうなど、セキュリティリスクの増加の恐れがあります。「利便性向上のアプローチ方法」でも述べましたが、認証技術の1つであるシングルサインオンを利用することで、一度の認証で複数のシステムやサービスの利用が可能であり、従業員のパスワード管理の負荷が下がります。ただし、IDとパスワードが外部に漏えいした場合、簡単に複数

サービスへの接続が可能になることから、端末の接続制限など認可に関する対策を併せて実施することが大切です。

　認可の強化策は、静的認可と動的認可の2種類があります。静的認可は、IPアドレスによる制限やクライアント証明書の導入などで接続可能な端末に制限をかけること、そして、動的認可は、接続する都度端末の状態やアクセス権限を確認し、接続可否を判断するより高度な対策の考え方です。また、認可の観点としては、データへの接続を必要最低限のユーザに限定することも必要です。信頼境界内のデータのアクセス権限を必要最低限となるよう、適切に統制をかけることが重要です。

②ローカルブレイクアウト時のネットワークセキュリティ

　ゼロトラストを推進していくにあたり、「利便性向上のアプローチ方法」でも述べた「ローカルブレイクアウト」へ移行する企業も出てきています。第4章でも触れたとおり、ローカルブレイクアウトは、社内のネットワークに接続せず、特定のクラウドサービスやインターネットへ直接接続します。

　多くの企業は、組織内に設置されているFW、IDS/IPS、NGFE、Proxyなどで通信の監視や攻撃の防御をこれまで実施していましたが、これらに対する代替策が必要になります。その対策の一例としては、クライアント上でログの取得や監視ができ、マルウェア対策機能を有するEDRの導入などが挙げられます。

③スマートデバイスのセキュリティ

　クラウドサービスの利用増加に伴い、スマートフォンやタブレット端末など、スマートデバイスを利用して業務を実施する場面も増加しています。

　スマートデバイスは、どこでも気軽に確認ができるという観点で非常に利便性が高くなりますが、企業のネットワークを経由してインターネットなどへ接続しているわけではなく、通信事業者が提供している回線を利用して接続を行うため、個別にセキュリティ対策が必要になります。そのため、対策の1つとして、紛失・盗難時の情報漏えい対策となる「リモートワイプ機能」や、許可されていないアプリケーションの利用を防止する機能、端末情報の収集とポリシーを一斉に適用することが可能な管理機能などを有するMDMの導入などが必要

第1章

第2章

第3章

第4章

第5章

第6章

Appendix

になります。

④データ流出対策

　さまざまなクラウドサービスの利用や、端末の持ち出しが増加すると、データ管理にこれまで以上に意識を向ける必要があります。自社でどのようなデータや機器を保有しているかを確認する資産管理から、情報漏えいを防止する事前対策、事後対策の実施が重要です。まずは、自社でどんなデータや機器を保有しているかの確認を行い、その中から、社外に持ち出してもよいデータや、持ち出しの形態を定義します。その後、持ち出している際に、情報漏えいが発生しないよう対策を強化していく必要があります。

　加えて、従業員の所有している端末を業務で利用するBYOD（Bring Your Own Device）を実施する企業では、BYODで利用する端末の把握も必要となります。

ゼロトラストの構成パターン

　ここまでは、企業がゼロトラスト化を図るときの動機付けになるような、ゼロトラストの目的の代表例について、利便性向上と、セキュリティ強化という切り口で考察してきました。では、これらの目的を実現するためのシステム構成やセキュリティ施策はどのように組み合わせていくのがよいでしょうか。基本的には、第4章で触れている技術要素をすべて実現していくことで、高度なセキュリティを実現することができるでしょう。

　しかし、すべての領域においてゼロトラストが要求しているような対策を実現するのは容易ではありません。前述のとおり、ゼロトラストは企業が目指す将来像（≒ゼロトラストの目的）に照らして、最適なレベルで実現を図っていくのがよいでしょう。

◆ゼロトラスト実現レベルに応じた対策要素

　ここでは、企業におけるゼロトラストの目的を「目指す姿」と定義し、これに適合するゼロトラスト施策の組み合わせについて、**表5-11**の要領で実現レベルごとに整理しました。

　ゼロトラストの実現レベルは大きく、3レベル構成（レベル0を含めると4レ

ベル構成)としており、レベルごとに第4章で触れたゼロトラストの技術要素(認証・認可、ネットワーク、エンドポイント、ログ管理)で実施するべき対策の組み合わせの指標を示しています。

　ここではまず各レベル設定の前提として設定した企業の「目指す姿」について、解説したうえで、この「目指す姿」に適した技術要素の組み合わせの解説を展開していきます。なお、各技術要素の詳細解説は第4章を参照してください。

企業が目指す姿

①ゼロトラストのスタート地点としてのセキュリティ

　まず、ゼロトラストを目指す以前に実施しておくべきセキュリティという位置づけで、レベル0を設定しています。このレベルをゼロトラスト化の最終ゴールとして目指す企業はいないと思われます。

　しかし、次のレベル1以降を目指す前提のチェックポイントとして、まずはレベル0が実現できているかの確認をお勧めします。そして、レベル0の中で実現が難しいものがある場合は、次のレベルを目指す前に該当課題の解消から検討するべきでしょう。

②クラウドサービス利用時における認証強化とエンドポイントセキュリティの強化

　レベル1は、利便性の向上というよりは、サイバーセキュリティ攻撃の高度化を受けて、純粋にセキュリティ強化を目標においている企業を想定して設定しています。また、近年増加しているクラウドサービスの利用を念頭においたセキュリティ強化を目指している企業も対象としています。後述しますが、対策のポイントは、認証強化とエンドポイントセキュリティの強化です。

③セキュアなローカルブレイクアウトの実現と認証利便性の向上

　レベル2では、利便性の向上と併せてセキュリティ強化を目指す企業を対象としています。利便性向上の観点としては、業務におけるクラウドサービス利用の比重が増えたことへの対応が挙げられ、セキュリティ強化の観点として大きく2つの観点があります。

　1つは、組織ネットワークへの接続を介さずに、PCやスマートデバイスから

直接クラウドサービスやインターネットにアクセスする、いわゆる、ローカルブレイクアウトというアーキテクチャを採用し、通信効率を高めながらセキュリティを担保することです。そして2つ目は、認証機能の一元化です。クラウドサービスを複数利用するようになると、レベル1で要求しているような多要素認証を個別管理していくことが難しくなってくるため、こうした認証機能の一元管理が求められます。

④組織ネットワークの廃止とリアルタイムゼロトラストの実現

　レベル2を推し進めて、セキュリティのさらなる高度化の実現を図るのがレベル3です。具体的には、データリソースへのアクセスを試みるエンドポイントの状態をリアルタイムで収集し、リスクの高い状態であると判定した場合に

○表5-11：ゼロトラストの実現レベルと対策要素

ゼロトラスト 実現レベル	目指す姿	認証	認可	ゲートウェイ
レベル0	ゼロトラストスタート地点のセキュリティ	ID・パスワードの適切な管理	IPアドレス（NW）を検証	組織内のFW/Proxy（ローカルブレイクアウトなし）
レベル1	クラウド利用時に認証強化と端末セキュリティの強化	多要素認証（VPN、クラウドアプリ）SSO連携なし		
レベル2	セキュアなローカルブレイクアウト実現と認証利便性の向上	多要素認証×SSO（IDaaS）	IPアドレス／デバイスを検証（静的認可）	組織内のFW/Proxy＋クラウド型Proxy（ZTNA/CASBなど）
レベル3	組織NW廃止とリアルタイムゼロトラスト実現	多要素認証・FIDO×SSO（IDaaS）	IPアドレス／デバイス／ブラウザ／脆弱性を常時検証（動的認可）	クラウド型Proxyのみ（組織NW廃止）

は、動的にアクセスを制限する動的認可の実現を試みます。こうした動的認可の仕組みを内製で構築するのは難しく、クラウドサービスを活用するのが一般的です。

　ただ、動的にアクセス制御を実現するには、データリソースの保管場所がクラウドサービスに限られている傾向にあるため、組織ネットワーク内に存在するオンプレミス型のアプリケーションからの脱却が避けられない、というのが移行を目指すか否かの分水嶺になるでしょう。なお、こうしたアーキテクチャを志向する企業はまだまだ少なく、組織の目指すべき姿に適合しないとして、レベル3を目指さないという選択もありえると考えてよいでしょう。

マルウェア対策	エンドポイント管理（パッチ／脆弱性など）	取得	監視・分析
アンチウィルスソフト（シグネチャ・予防型）	ユーザの手動管理、PCのみ利用	データリソース（社内サーバ）のアクセスログ、Proxyのアクセスログ、VPN接続ログ	有事に確認（監視なし）
EDR（振舞い・事後型）		データリソース（クラウド含む）のアクセスログ、Proxyのアクセスログ、エンドポイントログ	VPN接続ログ、エンドポイントログのリアルタイム監視
	MDM（静的認可と連携）、PCとスマートデバイスを利用	データリソース（クラウド含む）のアクセスログ、Proxyのアクセスログ（クラウド型Proxy含む）、エンドポイントログ	VPN接続ログ、エンドポイントログ、Proxyログのリアルタイム監視
	MDM（動的認可と連携）、PCとスマートデバイスを利用		リアルタイムSOC（相関分析）

レベル0：スタート地点としてのセキュリティ

　この段階は、従来のネットワーク境界を前提にした防御の考えに基づいた構成であり、ゼロトラストの世界観は実現できていません。ただ、境界防御とゼロトラストの守り方はまったく異なる領域、手法によるのではなく、あくまで従来のセキュリティの延長線上にゼロトラスト流の守り方は存在します。言い換えれば、従来のセキュリティの考え方の中にもゼロトラストを導入するうえで実施すべき内容は存在しており、これらの達成なくして、ゼロトラストの実現は難しいと考えるべきでしょう。

　ゼロトラストの基本的な考え方として、従来セキュリティの課題を解消するために、より高度のセキュリティを実現するという側面があるため、これらの対策の中で実施できていないことがあれば、まずはここから着手していくのが重要です。

①データリソースの取扱い範囲

　レベル0の段階では、**図5-23**のとおり、組織として守るべきデータリソースを基本的に組織ネットワーク内の定められたサーバに限定する方が望ましいでしょう。業務上、PC（FAT端末）へ一時的にデータを保管することは避けられないと思われますが、業務利用後はPC上から削除するなどの対応をとり、守るべきデータが組織内で分散しないように管理しておくことが重要です。

　なお、VDIを活用し、PC上にはデータが保管できないようにする仕組みを活用することも有用です。なお、レベル0の段階では、クラウドサービスやスマートデバイスへのデータ保管は、データ流出を防止する対策が十分ではないため、避けたほうがよいでしょう。

②認証・認可の観点：適切なパスワード管理

　認証セキュリティというと多要素認証に注目が集まっていますが、この多要素の一要素として多くのシステムが採用している、知識認証で利用するパスワードの適切な管理も依然重要です。以下に記載するような要件を満たすようにパスワード設定を管理しましょう。

- 初期パスワードは変更する
- 複数サービスで同一のパスワードを使い回さない
- 容易に推測されないような複雑性のある文字列をパスワードに採用する（「admin」「PasswordPassword」などは避ける）
- 長い文字列によるパスフレーズを採用する

　また、従来は定期的なパスワードの変更が重要とされてきましたが、近年は定期変更があることによって容易に推測されやすいパスワードが採用される傾向があるため、避けるべきであるという見解が有力になってきました。むしろ、辞書には掲載されていない文字列で、人間が認知しやすい文字列を活用した「パスフレーズ」（例：「mukashimukashiarutokoroni」）を採用し、可能な限り文字数を多くする方が有効であると言われています。

③ネットワークの観点：インターネットアクセスルールの最小化

　インターネットにアクセスする際には、組織内外ネットワークの出入口となるインターネットゲートウェイ機能を設け、ユーザにはここを介してインターネット接続をさせるようにします。組織がインターネットとの通信ルールを管理できるようにし、許可する通信を必要最小限に限定することが重要です。特に、L7ファイアウォールやProxyを導入し、IPアドレスやポートだけではなく、URLレベルで接続先を管理し、業務で必要な最小限の範囲のルールを適用すべきでしょう。

　また、インターネットから組織ネットワーク方向への通信（インバウンド通信）をファイアウォールで制限しておけば、組織ネットワークからインターネット方向への通信（アウトバウンド通信）の制限は重要ではないと考える方が稀にいますが、これは誤りです。組織内のエンドポイントがマルウェア感染した際に、一番初めに試行されるのが、マルウェア感染ホストと、インターネット上にある攻撃者の操作環境（Command & Controlサーバ）との間の攻撃用の通信セッション（C&Cセッション）の確立だと言われています。攻撃者は当該セッションを通じて、遠隔操作を実行したり、情報を持出したりしますが、アウトバウンド通信の制限によって、こうしたリスクをかなり軽減することができます。

④エンドポイントの観点：ウィルス対策ソフトと資産・脆弱性の管理

　エンドポイントにおける最低限のセキュリティとしては、次の2つの観点が挙げられます。

- ウィルス対策ソフト
- エンドポイントの資産・脆弱性管理

　ウィルス対策ソフトは、いわゆる、シグネチャと呼ばれる既知のマルウェアの定義ファイルにもとづいてマルウェア感染を防止・検出するソフトウェアです。攻撃者によるネットワーク境界侵入のトリガーの多くは、エンドポイントのマルウェア感染からはじまるといわれているため、まずはエンドポイントのマルウェア感染のリスクを可能な限り低減すべく、当該ソフトの導入と定期的なスキャンが実行される環境を整えるのがよいでしょう。

　また、エンドポイントで利用するソフトウェアについては、脆弱性などが修復された最新バージョンのものを常に活用する運用も重要です。なお、守る対象となるエンドポイントの管理も基本となる対策の1つです。具体的には、資産管理と呼ばれる、何を（デバイス・サーバなどの資産）、誰が、どこで、どのように利用しているかの特定を行います。前述のマルウェア対策や、脆弱性管理を適切に実施するために、防御対象を特定するうえで大前提となる対策です。

⑤ログの監視と収集：データリソース、リモートアクセス基盤、インターネットゲートウェイのログの取得と管理

　レベル0におけるログ取得の観点としては、大きく以下の3つが挙げられます。

- データリソースへのアクセスログ
- リモートアクセス基盤へのアクセスログ
- インターネットゲートウェイのアクセスログ

　まず、データリソースへのアクセスログは、守るべき重要データなどが置かれたサーバへ接続した記録を指します。万一の際に備え、該当のデータに対し

○図5-23：レベル0「最低限度のセキュリティ確保」のアーキテクチャ

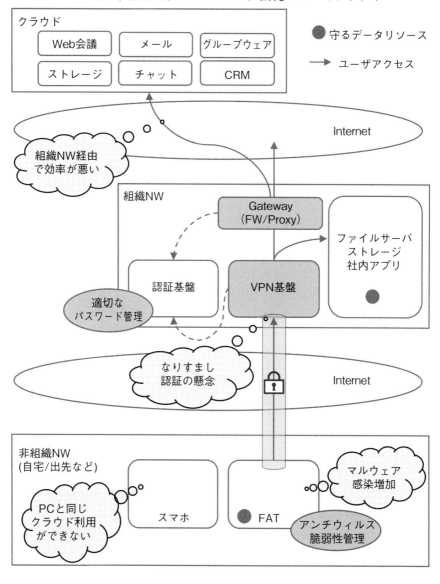

て、いつ、だれがアクセスし、何を行ったかを追跡できるようにこれらのログを取得し、確認できるようにしておくことは重要です。

　2つ目のリモートアクセス基盤へのアクセスログですが、VPNやVDIなど、外部から接続する際の入口となる環境のアクセスログ（認証ログ含む）についても、侵入経路を特定するという意味で取得しておくべきです。

　3つ目のインターネットゲートウェイのアクセスログについては、攻撃者が内部に侵入したあとに、前述のC&Cセッション確立や、データの持出しをする際の痕跡などを調査する際に有用となるため、同様に適切に取得・管理しておくのがよいでしょう（図5-23）。

レベル1：認証とエンドポイントセキュリティの強化

　この段階では、組織外のクラウドサービスでデータを活用することや、高度な攻撃によるネットワーク境界内への侵害が発生することを念頭に、さらなるセキュリティ強化を目的としてゼロトラスト化に着手していく段階を想定しています。

①データリソースの取扱い範囲

　レベル1では、図5-24のとおり、守るべきデータリソースの保管場所として、クラウドサービスが追加されています。レベル0の環境よりも広い範囲でのデータの取扱いを受けて、どのようにセキュリティ強化を図っていくかが重要な検討ポイントになります。

　なお、レベル1のアーキテクチャでは、クラウドサービスやインターネットへの直接的なアクセスであるローカルブレイクアウトを採用せず、あくまで組織ネットワークに存在するゲートウェイを介して、クラウドサービスにアクセスすることを前提に置いています。また、スマートデバイスでのデータ取扱いも想定していません。

②認証・認可の観点：多要素認証の実装

　データリソースにアクセスするときの認証条件がIDとパスワードによる知識認証のみの場合、いわゆるブルートフォースアタックなどにより突破すること

○図5-24：レベル1「認証とエンドポイントセキュリティの強化」の
　　　　　アーキテクチャ

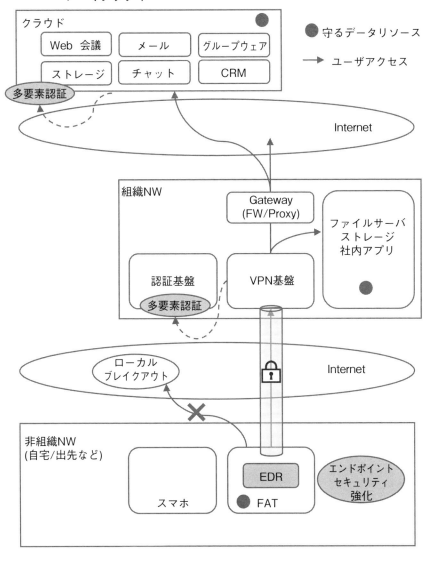

は難しくはありません(一定時間内に複数回ログイン試行に失敗した場合にアカウントロックをするという対策もありますが、ロックを発動する閾値を下回るペースでログインを試行する手法もあり、完全な対策ではありません)。

また、組織ネットワーク内にすでに侵入され、BOT化したホストが存在する場合は、トラフィックの盗聴などにより、パスワード情報を窃取される可能性もあります。そこで、VPNやVDIなどのリモートアクセス基盤やクラウドサービスへのログイン環境の認証には、所持情報や生体情報の要素を活用した多要素認証を実装するとよいでしょう。

幸い、クラウドサービスではインターネット経由でアクセスすることを念頭においており、近年のセキュリティ意識の高まりをうけて、多要素認証をサービスとして提供されていることが多いため、導入の敷居も高くないと思われます。

③エンドポイントの観点：EDRの導入

もう1つのセキュリティ強化の観点としては、第4章で触れているEDRを導入し、攻撃のトリガーとなるエンドポイントへのマルウェア感染への耐性を高めることが重要です。従来のアンチウィルスソフトだけでは、シグネチャに該当しないようなマルウェアコードに改変したり、まだ一般に知られていないような未知のマルウェアを作成したりするような高度な攻撃を完全に防ぐことは難しいのが実情です。そこで、このような高度なマルウェア感染への対応として、EDRが有効です。

4-4節で解説しているとおり、EDRにはいくつかの機能がありますが、エンドポイント上でのログから攻撃者(マルウェア)の振舞いをもとに不審な挙動を検出できるところが特徴で、前述のシグネチャ回避のような攻撃を速やかに検出することが期待できます。

また、多要素認証の有効性を確保するという点でも、このようなマルウェア対策は重要です。ユーザ認証という点では、多要素認証は強力なコントロールですが、マルウェア対策がおろそかになっていると突破されてしまうケースも存在します。具体的には、ユーザが利用する端末自体が攻撃者に乗っ取られると、多要素認証が成功したあとの状態を容易にコントロールできてしまうという問題もあります。そのため、多要素認証とEDRの実装はセットで行うことが

とても重要になります。

④ログの監視と収集：不審なエンドポイントとリモートアクセスの監視

　レベル0からの追加コントロールとしては、EDR導入に伴うエンドポイントログとクラウドサービス利用に伴うクラウドサービスへのアクセスログの取得があげられます。クラウドサービスへのアクセスログについてはデータリソースの取扱い範囲の拡張に伴ってログを取得し、有事の際に調査できるようにしておきます。

　エンドポイントログについては、エンドポイントへのマルウェア感染が攻撃者の起点となることが多いため、リアルタイムで不審な挙動を監視することが重要です。なお、多くのEDRはサービス内容自体にこの監視機能が含まれていることが一般的であるため、組織としては検出を知らせるアラートに対して速やかに対処できるようにしておくことが重要となります。

　また、攻撃者がネットワーク境界内に侵入する手口として、VPNやVDIなどのリモートアクセス基盤への不正アクセスが考えられます。多要素認証とEDRの導入により、かなりのリスク低減が期待できますが、前述のブルートフォースアタックなどによりなりすまし認証を試行している攻撃者を早期に特定することも引き続き重要な活動です。具体的には、連続してログイン試行に失敗している場合にはアラートを上げるなどの方法により不審なリモートアクセスを検出する仕組みを実装すると効果的でしょう。

レベル2：ワーククラウドシフトとセキュアな　　ローカルブレイクアウトの実現

　レベル1で多要素認証とEDRの実装を実施し、セキュリティレベルが向上してくると、クラウドサービスの利用も増え、さらなる利便性の向上を求める声が組織の中で上がってくると思われます。また、テレワークを実施するケースが増えている昨今の情勢に鑑みると、テレワークを効率的に行うためのアーキテクチャへの変革を望む声も少なくないでしょう。

　具体的には、組織ネットワークへの接続を介さずに、インターネットやクラウドサービスへの直接的なアクセスを実現する、いわゆる、ローカルブレイク

アウトというアーキテクチャの実装を求める声が増えていると思います。

　また、ローカルブレイクアウトのアーキテクチャは、テレワークなどの組織ネットワーク外での業務効率を高めるという文脈で検討されることが多いと思われます。こうした議論の中では、在宅や移動時間などのわずかなすき間時間での業務効率の向上も検討されます。具体的には、スマートデバイス（スマートフォンなど）の業務への活用の是非が議題に上がることが多いと思います。こうした業務効率の向上を望む声を受けて、どのような対策を図っていくのがよいかをレベル2では解説していきます（図5-25）。

①データリソースの取扱い範囲

　レベル2では、前述のとおり、業務の利便性を高めるという背景から図5-25のとおり、データリソースの取扱い範囲が拡張していくことを念頭に置いています。1つはクラウドサービス上に存在するデータリソースへの接続経路として、組織ネットワークを介さないローカルブレイクアウトという形態によるアクセスを想定しています。また、PCに加えて、スマートデバイスでのデータ取扱いも想定しています。

②認証・認可の観点：IDaaSを活用したSSO実装による利便性向上

　テレワーク推進と併せて業務効率の向上を進めようとすると、メール、チャット、Web会議などのコミュニケーションツールや、ファイル共有基盤としてのストレージなど、さまざまなクラウドサービスを組み合わせて利用することが増えてくると思われます。このような状況下では前述した多要素認証を個別に実装していくと、利用者の利便性を大きく損なうことになります。

　そこで、複数のクラウドサービスの認証機能をIDaaSに取りまとめたうえで、一度正規のユーザとして認証に成功したあとは連携しているすべてのクラウドサービスに都度認証操作を行うことなくアクセスを可能とするSSOを実装することが利便性向上の鍵になります。また、利用するクラウドサービスについてはこうしたIDaaSのサービスとの連携を想定して、選定・利用をしていくとよいでしょう。

○図5-25：レベル2「ワーククラウドシフトとセキュアなローカルブレイク
　　　　　 アウトの実現」のアーキテクチャ

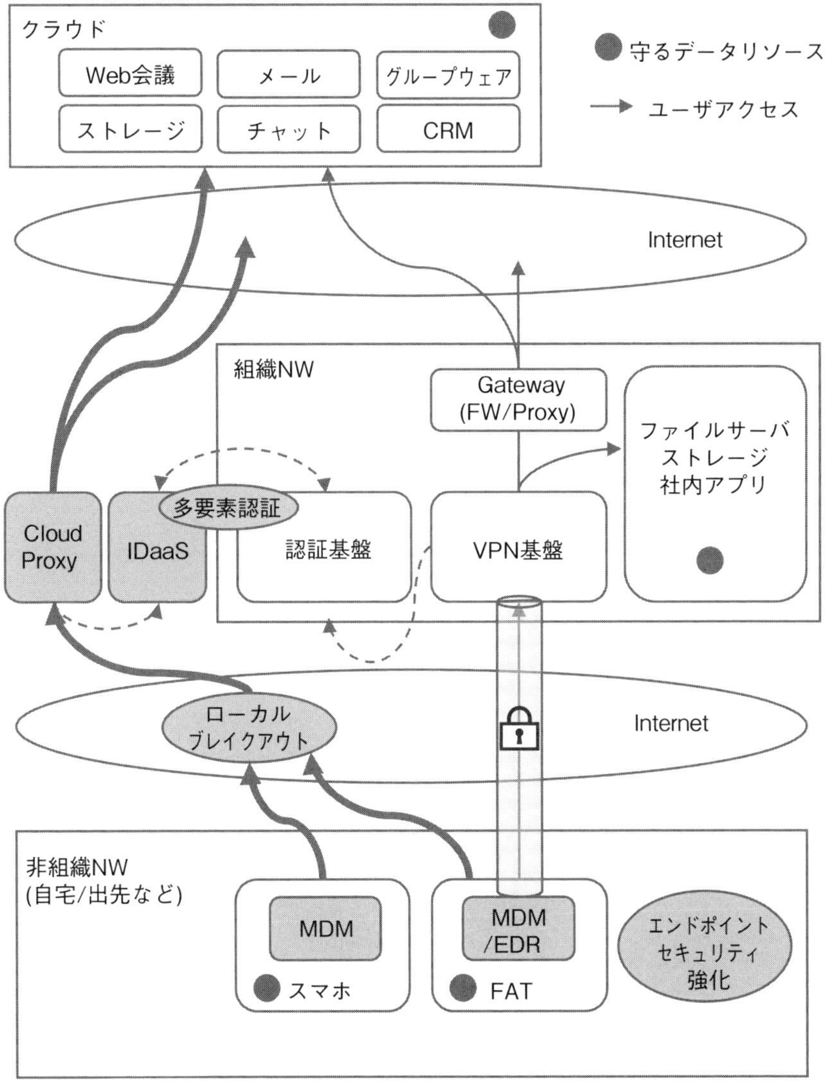

第**1**章

第**2**章

第**3**章

第**4**章

第**5**章

第**6**章

Appendix

③ネットワークの観点：クラウド型Proxy

　ローカルブレイクアウトのアーキテクチャを採用すると、レベル0で言及していた組織ネットワークに存在した組織管理のインターネットゲートウェイを介さないことになります。そこで、このコントロールの代替としての機能を備えるとともに、クラウドサービスへのアクセスコントロールを向上させる機能をもつクラウド型Proxyを導入していくのがよいでしょう。この点、クラウド型Proxyとは、説明の便宜上、第4章で言及しているSWG、CASBなどの機能の総称という意味合いでここでは使用しています。

　クラウド型Proxyの役割には大きく、インターネットへのアクセスコントロールと、クラウドサービスへのアクセスコントロールの2つの観点があります。

- インターネットへのアクセス
- クラウドサービスへのアクセス

　前者は、組織ネットワークでいうL7ファイアウォールやProxyで実現していた「①URLフィルタリング機能」をクラウド基盤上で実現させるもので、SWGと呼ばれるものです。後者は、「②クラウドサービスへのアクセス状況とリスクの可視化機能」、「③クラウドへのアクセス・操作の管理機能（DLPなどの情報持ち出しを統制する機能を含む）」を提供するもので、CASBと呼ばれるものが相当します。これらの①②③の機能はセキュリティベンダーによって呼称はさまざまですが、包括的に提供されていることも多いため、まとめて導入を検討するのがよいでしょう。

　また、クラウドサービスへのアクセスをクラウド型Proxy経由に集約・限定することによって、クラウドサービスに対する不特定多数の送信元からの不正なアクセスを遮断することにもつながります。なお、ユーザはクラウド型Proxyにアクセスする際にもユーザ認証を求められますが、この際にも前述のIDaaSとの認証連携が可能なサービスを選定するとより効率的なアーキテクチャの実現が望めます。

④エンドポイントの観点：モバイルデバイス管理（MDM）とモバイルアプリケーション管理（MAM）の実装

スマートデバイスの業務利用を想定すると、PCとは異なるアプローチが必要になってきます。PCでは一般にActiveDirectoryによって、利用できる権限や機能、セキュリティパッチの適用を一元管理することができます。

一方で、スマートフォンなど、PCに比べてユーザ提供されている機能が限定されており、組織ネットワーク内のシステムと常時連携することを想定していないデバイスについては、MDM/MAMという専用のソリューションを活用することが重要です。代表的な製品だと、MicrosoftのIntuneが挙げられます。こうしたソリューションは、大きくは次の2つの目的で利用することが一般的です。

- デバイスのインベントリ収集と管理
- デバイスの機能・アプリケーション統制

前者は、該当のデバイスのユーザ、OSバージョン、利用しているアプリケーションなどを収集し、一元的に管理できるようにする機能を指します。後者はスマートデバイスで利用する機能・設定（パスワードポリシー、メール、カメラ、暗号化設定など）の統制や、インストールするアプリケーションを組織で管理する機能などを指します。スマートデバイスでは、脆弱性のあるOSの利用や、不正なアプリのインストールをトリガーに攻撃を受けることがあるため、こうしたMDM/MAMによる管理を行うことで、統制を行うことが重要になります。

なお、MDM/MAMはPCも併せて同一の統制を敷くことができる製品もあります。テレワークによる働き方が常態化してくると、組織ネットワーク内のActiveDirectoryと常時連携させることが難しいケースも出てくるため、ActiveDirectoryに代わるPC統制ツールとしてMDM/MAMを活用し、PCとスマートデバイスをセットで管理する方法も有用となるでしょう。

⑤ログの監視と収集：クラウド型Proxyの監視

前述のとおり、レベル2ではクラウド型Proxyの導入により、組織ネットワー

第1章

第2章

第3章

第4章

第5章

第6章

Appendix

クを介さないインターネットへのアクセスや、クラウドへのアクセスについて、不審な通信を検出したり、通信傾向のログを取得して可視化したりすることができます。これらの機能を活用して、ローカルブレイクアウト時の通信を管理し、セキュリティを高めていくとよいでしょう。

レベル3：組織ネットワークの廃止とリアルタイムゼロトラストの実現

　レベル3は、ゼロトラストの目指す世界観を最大限実現する段階となります。ネットワーク境界という概念を払拭し、データリソースへのアクセスを試みるエンドポイントの信頼性をリアルタイムで検証し、正規なアクセスのみを許可する、ということの実現を念頭に置いています。

　併せて、組織ネットワークへのリモートアクセスという考えからも脱却し、データリソースとセキュリティ機能をクラウドに集約させることにより、組織ネットワークからでも、在宅や出先の環境からでも、エンドポイントの信頼性さえ検証できれば、アクセス元に制限をかけないことを目指します。ただし、こうした世界観の実現はかなり難易度の高いアプローチとなるため、自組織にとってのメリットを見定めたうえで検討するのがよいでしょう（図5-26）。

①データリソースの取扱い範囲

　レベル3では、組織ネットワークのうち、データリソースの保管場所としての機能を廃止（あるいは極小化）し、データリソースをクラウドに集約することを想定しています。また、組織ネットワークへの接続を介してからクラウドにアクセスするのではなく、図5-26のようにクラウド上に配置されたAccess Proxyを介して、データリソースにアクセスする構成をとります。

○図5-26：レベル3「組織ネットワークの廃止とリアルタイムゼロトラスト
　　　　の実現」のアーキテクチャ

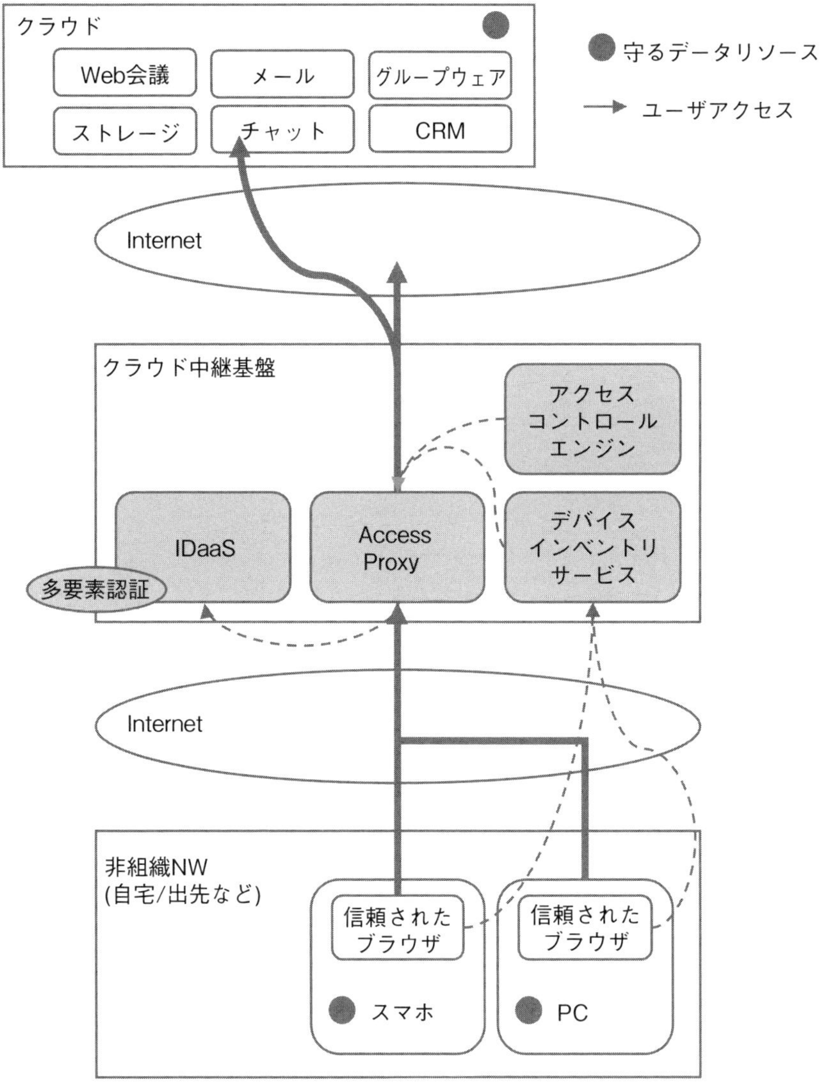

第1章
第2章
第3章
第4章
第5章
第6章
Appendix

②認証・認可×ネットワーク×エンドポイントの世界観

　前述のとおり、クラウドサービスへのアクセスについて、Access Proxyというクラウド基盤上の中継ポイントを経由する構成をとり、エンドポイントによるアクセスの検証と制御のすべてを当該ポイントでコントロールします。Access Proxyを通過するには、**図5-26**におけるアクセスコントロールエンジンによって、①正規のユーザとして認証されるとともに、②適切な状態を保ったデバイスからのアクセスであることがリアルタイムに検証された場合に、許可される仕組みとなります。こうした仕組みを実現するサービスを一般にはZTNAと呼んでいます。

　なお、「適切な状態」の判断要素はサービスによってさまざまですが、代表的な例では、OSバージョン、パッチの適用状況、利用しているブラウザの種別・バージョン、接続元ネットワーク（IPアドレス）、デバイス認証などの条件があり、これらを複合的に組み合わせて検証を行うことができます。また、エンドポイントの信頼性を判断するための情報については、デバイスインベントリサービスによってリアルタイムに情報を吸い上げられる仕組みをとっています。これらを活用することにより、高度のセキュリティを実現することが可能となるでしょう。

5-7　インフラ構成のToBe像とロードマップ策定

　本節では前節までで検討した既存ITインフラに対してゼロトラストの導入を実施するためのロードマップ策定活動を中心に説明していきます。ロードマップ策定のタスクを順に見ていきます。さらに、ゼロトラスト導入のゴールまでの道筋を会社全体で共有するために必要な事項についても触れていきます。

将来ありたい姿整理の準備

　最初に、将来の働き方を実現するゼロトラスト導入時のシステムの将来像を描く必要がありますが、その際の作業の準備として、自社のIT戦略やIT中期

計画をはじめ、システムを構成する機器やサービスのEOS（End Of Sales/Service/Support）の確認も忘れてはなりません。これらを確認したうえで、システム基盤、ネットワーク、利用システム（アプリケーション、クラウドサービス等）の将来の全体像を描きます（**図5-27**）。

　全体像を一から描くのは難しい場合は、5-6節の構成パターンを参考に、自社の今後の働き方、パートナー会社との協働の仕方などから近いものを選択し、自社の環境に合わせて修正するのも1つの方法です。

　全体像については、当面は実装しないが将来的に実現したい機能やシステムのコンポーネントも記載してみてください。現在は必要なデータがないために解析ができないが、近い将来、そのデータを用いた仕組を導入する場合、全体構成を事前に見据えて置くことで、現構成の拡張性をあらかじめ要件に含めておくことができます。

　図5-27のゼロトラストモデルでは、EDRやCASBなどの各コンポーネントから得られるログを総合的に分析、またそれらをSOC（Security Operation Center）に情報連携するためのログ収集基盤は当面の目指す姿には入っていませんが、将来的に組み込む可能性があるコンポーネントとして想定し記載しています（具体的にはUEBA（User and Entity Behavior Analytics）やSIEMのようなセキュリティ製品を想定しています）。この場合は「ログ収集基盤ができた暁にはSOCの設置に至れる」というステップを想定しているわけです。このような課題や最終の将来像実現に必要な前提を書き出しておき、整理する作業は後述するロードマップにおけるマイルストーンを検討するときに役に立ちます。

ロードマップの策定

　5-1節で見てきたように、ゼロトラストはこれからのDX活動を成し遂げるうえでの手段となる考え方の1つであって目的ではありません。ゼロトラストに向けたロードマップの策定は、5-4節で設定したありたい姿実現に向けてどのようにステップを踏んでいくか、どのような段階（道筋）を設定するかを決めるプロセスです。

　繰り返しになりますが、Googleが8年の時を経ても完成していないゼロトラストへの道は一足飛びに完成するものではないことを念頭に置き、企業ごとに

○図5-27：将来の全体像

直近で目指す姿（コンポーネント群）

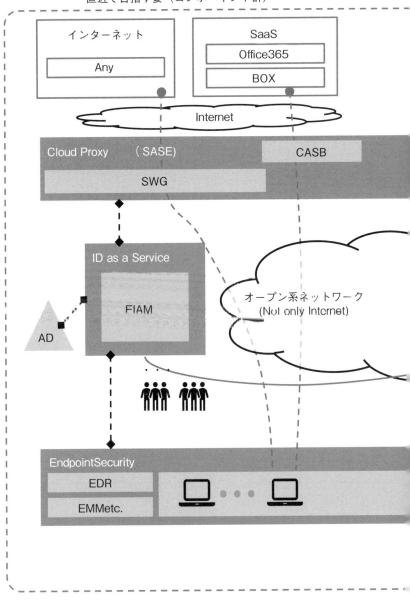

直近で導入を目指すコンポーネント

将来を見越した拡張性

IaaS／オンプレ

業務アプリ

ZTNA（SDP）

ログ収集基盤

SOC for ゼロトラスト

将来的に必要となるコンポーネント

第1章
第2章
第3章
第4章
第5章
第6章
Appendix

現状や課題を考慮したロードマップ策定が必要です。以下で、ロードマップ策定のうえで検討すべきことについて説明します。

◆ 将来のシステム像を長期的な視点で描く

経営戦略や事業戦略、デジタル戦略、IT戦略を考慮し、長期的視点でゼロトラスト構成を導入したシステムの将来像を描きます。将来像を描くにあたっては、きちんと現行のシステム構成（AsIs像）を整理し、現行システム配置、ネットワーク構成、利用中のプロダクトのEOSやバージョンアップタイミング、ライセンス体系といったものが将来への構成に移行するにあたって制約になっていることはないか確認します。そのうえで、これらの制約条件を踏まえたうえで、将来像（ToBe像）を検討します。

ToBe像の検討にあたっては、デジタル戦略などから導かれる業務面で実現したいユースケース、例えば「社員は業務場所の社内外を問わず、権限を持つシステムを使った業務が遂行できる」、「コワークする企業との契約締結直後からすぐさま当該利用者に対してIDを払い出し、自社運用のクラウド基盤上で情報共有、データ交換などがすぐ実施できる」といったものから、ユースケース実現の前提として必要なセキュリティルールの策定、運用面で実現すべきプロセスルールなども整理し、これらのToBe像の検討も行います。

このように整理することで、AsIsからToBeに至るまでの課題も見えてきます。課題解決にあたってはコスト、体制、技術成熟度などから一度に（一気に）対応することが難しいと考えられる場合もあります。その場合はステップを踏んだ対応を考えます。最初の1年は第1ステップをゴールに置き、第2、第3のステップをさらに設定し、その後に最終ゴールを据えるなど。ステップごとにどんな課題を解決し次に進むのかを必ず設定してください。そして、併走するプロジェクトや前後関係なども考慮して、期間やリソースを整理します。

◆ ビジネス、システム計画上重要なマイルストーンを整理する

ビジネス計画、システム計画上重要なマイルストーンの整理はロードマップ作成上大事なピン留めを行うポイントとなります。上述のステップの置き方は課題の段階的な解決を想定していますが、その他にも与件となる事項や制約、予定を洗い出し、ロードマップにおけるマイルストーンの整理を実施します。

以下に、与件となる可能性のある例を挙げます。

- 利用する機器、サービス、システム、サポートのEOS時期
- 課題解決のためにおいたステップごとのシステム制約や時間制約
- 利用中のサービスや自社のシステムの大規模バージョンアップリリースや更改時期
- 人材確保のタイミング、体制確保のタイミングなどの予定
- 同業他社の動向

◆ 課題解決施策の優先度付けとゴールに至るステップの検討

　次に、「将来のシステム像を長期的な視点で描く」際に検討したAsIsからToBeに至るためのステップと前述の各種マイルストーンを両睨みしつつ、いつまでにどの課題を解決し、種々のハードルを越えるか、ゴールまでの道筋を検討します。コスト制約、人材・体制の制約、技術的な制約それぞれをどの時点で制約を解放できるか、最適な段取り、スケジュールを時系列に並べロードマップ化します。

　技術的に初物を導入するにあたっては、PoCを計画し、事業影響リスクが低い部署・部門の業務エリアで行うなどのステップを重ね、その結果、導入となるか、別の検討となるかなどの枝葉がある場合も検討に入れてみてください。5-3節で検討したように将来ユースケースが想定どおりの振る舞いが得られるか、効果が得られたか、一旦立ち止まって検証する期間も入れるようにして下さい。

　各課題の対応施策を誰がいつどのような体制で解決していくか、解決策の内容によってはひとつひとつが小規模な活動となることもあるかもしれません。そのような場合はいくつか技術カテゴリや、業務影響、ユーザ影響を鑑みたカテゴリでくくって大きな活動にすることも考慮してください。

ロードマップの策定（ロードマップ例）

　図5-28のロードマップを例に以上の手順がどのように盛り込まれているかを見ていきたいと思います。

○図5-28：ロードマップの例

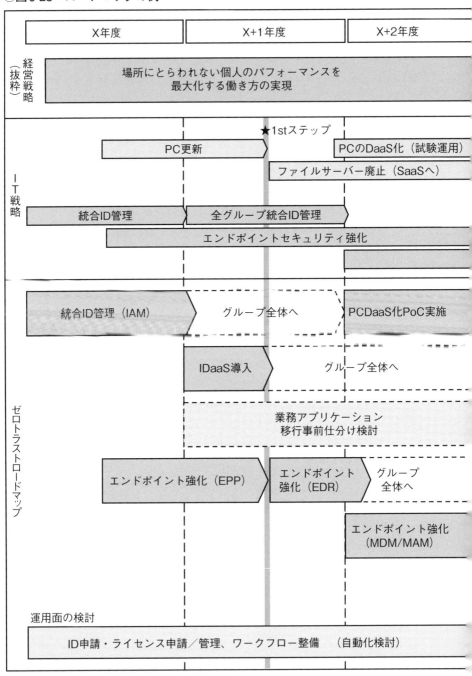

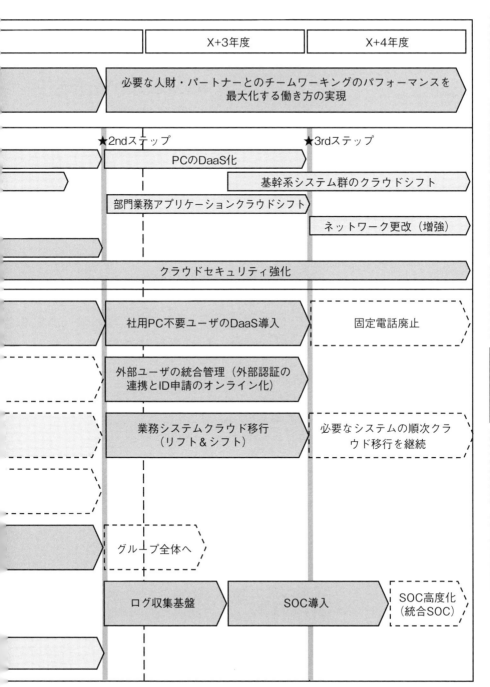

　このロードマップを策定した企業では、業務システムごとにIDが払い出されていたため、IDを複数持つユーザが多い状況にありました。そのため、X年後半より統合IDの検討を行っていました。統合IDの実現は(X + 1)年度末として進めています。この企業では経営戦略として、(X + 3)年末までに「場所にとらわれない個人のパフォーマンスを最大化する働き方の実現」を目標としています。そこで、IT戦略としては、(X + 3)年末までに全ユーザの一元管理と全ユーザの利用する端末のセキュリティ強化を決定しています。図中の統合ID管理のグループ企業全体での実施とエンドポイントセキュリティ強化がその計画となっています。

　一方PC端末のEOSが控えているため、端末リプレイスとOSの更新を(X + 2)年上半期で終える必要がありました。そこで、このタイミングに併せて端末のアンチウィルスソフトを刷新します。これが「エンドポイント強化(EPP)」です。1stステップでは端末セキュリティの強化(第1弾)と統合IDによるユーザ利便性向上を獲得します。さらに一部でSaaS利用も多くなってきているため、SaaS利用者利便性向上として、統合ID管理基盤とIDaaSの連携で、SaaS側のIDも統合管理ができるようにしています。次に設定している2ndステップは(X + 3)年度末までとなっている経営戦略の「場所にとらわれない個人のパフォーマンスを最大化する働き方の実現」に合わせています。ここでは、エンドポイント強化をさらに進めるため、EDRの導入し、モバイルデバイスの利用が本格化する時期に合わせてMDM/MAMの導入を実施する予定としています。これにより、エンドポイントセキュリティ強化が(X + 3)年末に完了することになります。

　(X + 3)年以降で社用貸与PCが必要ないユーザ向けにDaaS導入を検討していますが、導入に先立ち、(X + 3)年前半でDaaSのPoCを実施する予定を入れています。運用面では、ID申請の煩雑化を見込み、ワークフローの整備などを行うタスクを設定しています(図中の下段部分)。

　次に、経営戦略上、(X + 5)年度末までで実現する「必要な人財・パートナーとのチームワーキングのパフォーマンスを最大化する働き方の実現」に向けて、外部ユーザとのコワーク環境の実現を進めます。コワークで利用するシステムのクラウドシフト、外部ユーザ認証のため、外部認証機関との連携や外部ユーザ用のID申請のオンライン化などをロードマップに載せています。3rdステッ

プは、外部ユーザとのコワークを実現するサービスやシステムの一部のリリースの実現においています。ここで外部ユーザとのコワークにおける課題を見ることで、（X＋5）年度いっぱいを使った必要な改修などの時間を見ています。

　一方で、2ndステップまでで実現している統合ID管理、EDR、MDM/MAMで得られるログを収集し、SOCでクラウドセキュリティの強化を図る予定もロードマップ化しています。

　ゼロトラストの道は、途中途中で実現するメリットを設定し、上で見たようにステップごとにこのメリットを享受し、階段を1つずつ上って行くように進めることは、ゼロトラストという長い旅を継続し、成就する秘訣となります。

5-8　ゼロトラストのアンチパターン

　ここまではゼロトラスト化を実現する一連のプロセスについて説明してきました。本節では、組織がゼロトラスト化を検討する際に陥りがちなケースをアンチパターンとして紹介するともに、これからゼロトラストを目指す組織がこうした落とし穴を回避するために考慮しておくべき点について解説していきます。

アンチパターン①：組織方針の連携不足

　ゼロトラストは、ITシステム、セキュリティに関連する職種の方であれば、一度は聞いたことがある、というほどに浸透してきているのではないでしょうか。

　実際に組織におけるシステム構想・企画に際して、ゼロトラストをスローガンに掲げる事例も増えてきています。そして、本来的にはセキュリティ強化のコンセプトであるゼロトラストが、セキュリティ部門の施策だけでなく、ITシステム部門のシステムリプレイス構想のスローガンとして採用されているケースも少なくありません。

　つまり、ゼロトラストが単なるセキュリティ領域の一コンセプトではなく、システム領域におけるアーキテクチャ刷新、コーポレート戦略領域における働き方改革、社会の既成概念に対するデジタルディスラプター、とも言えるような広い領域に変革をもたらすコンセプトとして期待が集まっているように思えます。言い換えれば、組織の中でゼロトラストを推し進めるということは、組織内のさまざまな期待を一身に背負う一大事業となりやすいと言えます。

　そして、この施策に投ずる予算は巨額化し、単一組織の経常的な予算では賄いきれず、経営層による審議・承認をパスしなければなりません。つまり、なぜそんなに「カネ」がかかるのか、という説明が必要になります。結果として、組織におけるさまざまな課題を解消する施策であり、その効果があることを訴求しなければなりません。

　セキュリティ部門ではセキュリティ統制強化によるリスク低減、ITシステム部門では運用効率性、コーポレート部門・事業部門では従業員・営業部門の利便性向上、というような組織におけるさまざまな想いをくみ取る必要があります。この点、セキュリティ課題にフォーカスして施策の必要性を説いても、なかなかコストの妥当性を説明しきるのは難しいことが多いでしょう。

　単独部門によって施策・計画の検討を進めると、どうしてもの部門固有の課題にフォーカスしてしまい、組織全体としての本質課題を捉えきれず、手戻りになる可能性があります。前述のとおり、ゼロトラストの考えは、ITシステム部門、セキュリティ部門、事業部門など多くの部門に関連することが多いため、施策や予算の計画をたてる前に、できるだけ早期に連携しあうような体制を築くのが良いでしょう。セキュリティ部門とITシステム部門については検討領域が比較的近いため、混成のプロジェクトチームや部門を組成して、検討を進めるというアプローチも考えられます。

　また、事業部門など、IT施策そのものから遠い部門については、意見交換を実施する会議体を設けたり、意見を募ったりするなど、計画初期の段階において、組織内での連携を広くし、課題感や将来像の検討方向性をすり合わせておくと、予算計画や施策の必要性を説明しやすくなるでしょう。

アンチパターン②：コスト削減目的のゼロトラスト

　アンチパターンの1つ目で、予算の計画に関連する内容に一部触れましたが、2つ目はコストに関するアンチパターンです。端的に言えば、掲題のとおり、コスト削減を前提においたゼロトラスト化の計画はうまくいかない可能性が高いということです。こうした計画はITシステム部門が主導となってITインフラ刷新を検討している場合に起こりがちな印象があります。一般にITインフラ領域のコストは、組織の中である程度固定化して考えられていることが多く、純粋な予算増額は経営会議で承認されにくいと思います。

　そこで、多くのケースで、施策Aの実施には○○程度のコストが発生するが、一方で△%のコスト削減が見込める。さらには、業務効率の向上、セキュリティの向上という効果も期待でき、ぜひともこの予算計画を承認してほしい、というような流れで経営審議にかけられる。そして、ここでいう施策Aのスローガ

第1章

第2章

第3章

第4章

第5章

第6章

Appendix

ンとして、ゼロトラストという考え方が活用されるというストーリーが少なくないように思います。ストーリーとしては、訴求ポイントが明確で非の打ち所はないものの、ゼロトラストは本来コスト削減に適さないということが重要です。

　ゼロトラストの目的は、前述のとおり、①セキュリティ向上、もしくは②利便性とセキュリティ向上、というように、本来的にはコスト削減施策ではなく、追加投資が必要な施策であることを認識しておくべきでしょう。コスト削減を前提にすると、5-6節で示したような本来ゼロトラスト観点で目指すべきアーキテクチャから脱線し、セキュリティの強化も利便性の向上も中途半端な結果となる恐れがあります。まれに見受けられるのは、ゼロトラストの考え方がネットワーク境界のセキュリティからエンドポイントのセキュリティに重点が置かれていることを受けて、従前のネットワークセキュリティ対策を撤廃し、EDR導入によってのみ、あらたなセキュリティ体制とコスト削減を実現しようとするアプローチです。

　EDRはたしかにゼロトラストを実現する強力なツールではありますが、全体の一部の機能要素にすぎません。また、ゼロトラストにおいて、ネットワークセキュリティは引き続き意味を持った施策であることを理解しておくべきでしょう。例えば、ファイアウォールやProxyによるアクセス先の限定をかけなかった場合、エンドポイントはあらゆるサイトに自由にアクセスできることになります。たしかに利便性は高まるかもしれませんが、Web閲覧などを介して、マルウェアに感染するリスクが高まることになります。仮に組織における数百台〜数千台のエンドポイントがさまざまなサイトにアクセスし、同時多発的に異なる原因によってマルウェア感染を引き起こした場合、EDRによるアラートへの対処が容易ではないことは想像できるのではないでしょうか。

　ネットワークセキュリティは第一関門として引き続き有効であって、これをすり抜けるような高度の攻撃をEDRで対処する、というように全体最適としてのセキュリティによってこそ高度なセキュリティを実現できるということを念頭に置いておくとよいでしょう。

アンチパターン③：従来のセキュリティ施策への誤った固執

　アンチパターン②では、ネットワークセキュリティも引続き重要であることを言及しました。一方で、必要以上に従来のセキュリティ施策に固執してしまうこともゼロトラスト化を妨げる要因になるので注意が必要です。例えば、5-6節で紹介したゼロトラストの構成パターンに基づいてアーキテクチャの刷新を図っていくと、従来実施していたセキュリティ機能が適用されないあらたなアクセス経路が存在しえます。

　図5-29では、組織のゲートウェイ機能として、ファイアウォール、IDS/IPS、Proxyを実装していた環境について、ローカルブレイクアウトを実現することを仮定して、新旧のアーキテクチャについて、手段軸と機能軸で比較しています。この点、手段軸で比較してしまうと、新アーキテクチャでは、IDS/IPSで実装していた機能が欠損したように見えます。この結果、従来よりもセキュリティレベルが下がっているという指摘がなされ、当該施策についてマネージャー層や管理職などにアーキテクチャが承認されないということが稀にあります。

　しかし、目的軸で比較してみると、決してセキュリティ機能は低下しておらず、むしろ最新の手法による高度のセキュリティを実現されていることが少なくありません。利便性の向上も視野にゼロトラスト化を図っていくためには、アーキテクチャ刷新は必須であり、その結果、従来と同様の手法が実現できないということは多々あります。組織内で新旧アーキテクチャの比較を示す際には、手段にフォーカスするのではなく、当該施策によってどのようにリスク低減が図れているかというように、目的にフォーカスして一段高い視座で効果を説明するとよいでしょう。

○図5-29：対策妥当性の検証アプローチ比較（手段軸と目的軸）

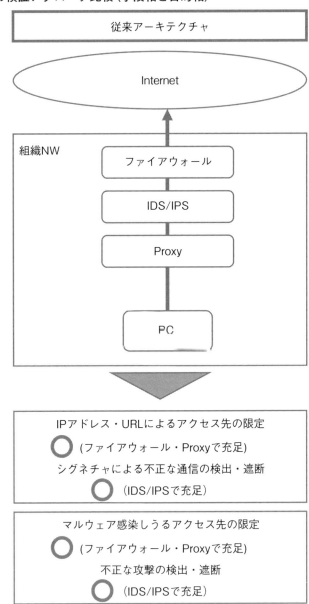

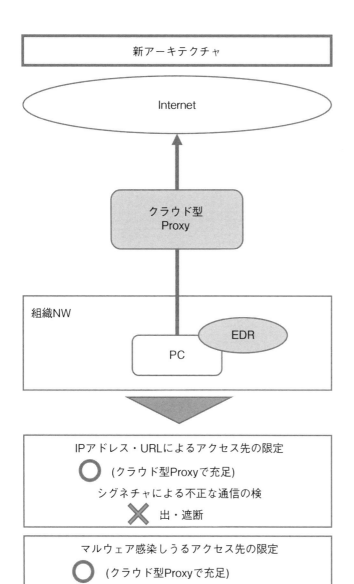

レガシーとどう向き合うか

　ゼロトラストに向けたシステム基盤の更改・移行にあたって必ず焦点となるのはレガシーシステムの取り扱いです。ゼロトラストが注目される以前よりレガシー基盤については、利用する技術の老朽化すなわち時流から外れることによるバージョンアップの停止リスク、また、長年の運用の中で行われている数々の改修などによりシステムが肥大化・複雑化が進み新たな機能追加や、メンテ自体が困難になっているいう状況があります。さらには、運用が長期にわたることで、当該基盤を熟知するエンジニアの退職による内部技術力の散逸等々の悪条件が重なり合い、更改しようにも手を付けられない状態であることも少なくありません。

　このような背景もあり、ゼロトラスト環境の検討においては、レガシーシステムの移行、取り扱い検討が基盤エンジニアの頭を常に悩ます課題となっています。

　DX推進にあたっては、システムアーキテクチャーの視点ではゼロトラストの考え方を導入し、働く環境のデジタル化を進める、ということを本書冒頭に謳っています。人事、経理、総務などのバックオフィス業務を支えるシステムは、企業の歴史そのものを代弁するようなシステムであり、まさにレガシーシステムの山であるため、繰り返しになりますがこれらとどのように向き合っていくかはさらに悩ましい事態です。

　レガシーシステムの刷新には一般にリインターフェイス、リホスト、リライト、リプレースといった手法がありますが（**表5-A**）、最終的にはリプレースを採用したSaaSなどへの移行、即ちクラウドネイティブ化がゼロトラストにマッチした方法と思います。しかしながら、先に書いたように会社の歴史を背負ったシステムは連携する社内システムも多くおいそれと移行できない事情は相当にあるのは理解できます。とはいえ、これらシステムをゼロトラストの環境に移せないことは例えば脱VPNが行えず、従来のVPNをいつまでも引きずるなどの足かせになってしまいます。

　DX推進の目的を鑑みればレガシーシステムの中でも自ずと優先順位が付け

○**表5-A：レガシーシステムの更改手法（参考）**

手法	説明
リインターフェイス	既存資産（システムプログラム、ハードウェア）には極力手を入れず、インターフェイス部分のみを刷新する手法
リホスト	アプリケーションには極力手を入れずに、ハードウェア、OS、ミドルウェア部分を刷新する手法
リライト	業務システム機能は極力変更の内容に、別言語でシステムを開発する手法
リプレース	業務システムをSaaSなどの外部サービスに置き換えて、既存業務システムをなくす手法

られるはずです。内向きデジタル化に効果の大きいものから、システムごとに差を付けて対応することも可能と考えます。現在は、レガシーなシステムであっても、アイデンティティー認識プロキシー（IAP）の導入を検討することで、クラウドサービスと同様に当該アプリケーションへのアクセスのたびに認証・認可を行うゼロトラストの思想での利用が可能となるため、注目される技術の1つです。

　IAPをゼロトラスト環境で利用するIAMと連携することで、ユーザを統合で管理することも可能となるため、1つの手段としては検討に値します。本例は一時的にはコスト高となる構成となりうることも想定されますが、会社で目標とするDX推進に照らしてうえで、レガシーシステム1つずつを棚卸し、取捨選択、優先度の強弱を付けた対応を愚直に行っていくのが最終的には早道となることと感じています。

第1章　第2章　第3章　第4章　第5章　第6章　Appendix

ゼロトラストのサービス選定と展開の検討

どのように展開していけばよいか

　ここまでゼロトラストについて技術要素や導入方法などを説明してきました。本章では、どのようにサービスを選定するのか、どのように展開して運用してていくのかを見ていきます。

6-1　サービスの選定

　「ゼロトラスト」という言葉は近年バズワードになっていることもあり、ネットで検索すると多くのサービスがヒットします。しかし、ゼロトラストの実現には何か1つのサービスを導入すればよい、というものではなく、複数のサービスを選定し組み上げていく必要があります。また、必要となるすべてのサービスを同時に導入することは現実的ではありません。

　前章で整理したToBe像の実現に向け、目指すべきアーキテクチャとそれを実現するためのサービスの組み合わせを最初に描き、ステップを分けて段階的に構築していく必要があります。

　本節ではサービス選定時に必要な観点を、サービス間の連携、将来的な拡張性、導入後の運用性の3つの観点で整理します。

エコシステムを構成するサービス間連携

　ゼロトラストを実現するためにはID、ネットワーク（NW）、端末、ログ可視化などの複数のコンポーネントやサービスが必要であり、それらが複雑に関係しあってアーキテクチャを実現しています（図6-1）。

　各サービス間で互いに情報連携し、全体として情報のサイクルを回しながら1つのアーキテクチャを構成することを「エコシステム」と呼びますが、ゼロトラストにおいてもこのようなエコシステムを構成することが重要なのです。

　図6-2に、ユーザがシステムなどにアクセスしようとしたときにゼロトラストのアーキテクチャ内で起こる情報連携サイクルの様子を説明します。従来はユーザが入力するIDやパスワードの認証情報で、ユーザのアクセス権限を判定していました。ゼロトラストではIDやパスワードの情報に加え、ユーザの過去のシステム利用実績や、接続元となる端末情報も利用して、アクセスレベルを判定します。判定したアクセスレベルはアクセス制御を行うゲートウェイ（SWGやIAP/ZTNA等）へ連携され、アクセスレベルに応じた範囲でユーザの通信を許可します。また、認証情報は外部のSaaSやオンプレミス上のシステムへの

○図6-1：ゼロトラストを構成するサービス群

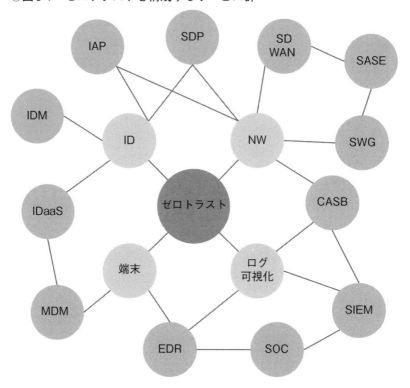

○図6-2：サービス群の情報連携例

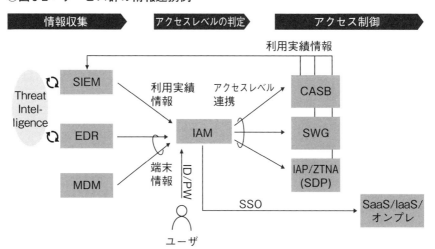

第1章

第2章

第3章

第4章

第5章

第6章

Appendix

SSO（シングルサインオン）認証にも活用されます。サービス利用後は、次回接続時のアクセスレベルの判断材料として利用実績情報が記録されます。

　IAM、MDMなどの各機能部単位については多くのベンダからサービスが提供されていますが、それらを導入しただけではエコシステムの実現は困難です。常に情報連携しエコシステムを維持できるサービスの組み合わせを考えることが重要です。新たに導入するサービスだけではなく、今後継続利用していく導入済みのサービスも含め、適切な組み合わせを検討の上、段階的な導入計画を策定しましょう。

将来の変化に対応できる、機能とボリュームの拡張性

　ゼロトラストは複数のステップに分けて部分的に導入していくため、長期的な導入計画が必要です。そのため、守るべき対象となるリソース（システムやデータ等）や、利用するユーザも時間とともに変化・拡大していくと考えられます。

　ゼロトラスト導入の初期段階では、社内のリソースやユーザに合わせて最適なサービスを選定し導入したとしても、その後の環境や要件は変化することが考えられます。変化に柔軟に対応できるよう、各サービスの機能や性能の拡張可能性も踏まえてサービスを選定することが重要です。

　どのような拡張可能性が必要になるかを見極めるためには、社内の業務やシステムの現状分析による課題の洗い出し、社内ガイドラインとの比較整理、経営方針や中長期の経営計画などの確認が重要です。これらは5-7節で述べた事前のロードマップ整理ですでに取り込まれているため、そのロードマップに準拠した拡張可能性を持つ製品の選定を行いましょう。

　現状分析では、直近で解決すべき課題と将来的に解決すべき課題から、サービスに求められる拡張可能性を洗い出していきましょう。また経営方針や経営計画に記載される将来の会社の在り方や戦略などからも、求められる拡張可能性を洗い出しておきましょう。

　例えば、今後海外展開を目指していく会社方針がある場合は、海外でも利用可能なサービスを選定する必要があります。また、グループ会社とシステム統一を進めていく計画がある場合は、グループ会社で利用する端末の機種も管理

できるサービスを選定する必要があります。自社の将来に合わせて柔軟に拡張可能な製品を選定することで、機能・性能の対応ができないためあとからサービスを選び直す、といった事態にならないようにしましょう。

サービス導入後の運用性

サービス選定の際には、ゼロトラストを運用するセキュリティ運用チームで実際にどのような運用を実施していくかを考慮する必要があります。

重要なのは、運用部隊で取り扱うことが可能なサービスが選定できているかどうか、という点です。運用部隊は日々の情報収集から防御・検知・復旧とさまざまな対応が求められます。スキルやリソース（人的リソース）の現状を踏まえて、上記の一連の対応をこなすことが可能なサービスを選ぶ必要があります。

ゼロトラストの運用の1つの肝となる動的ポリシー（トラストアルゴリズム）の精度向上に向けた対応なども想定し、日々のゼロトラストの運用や改善が可能かどうか、意識してサービスを選定しましょう。

また、運用自体の体制・在り方に関しても、時間が経つとともに費用やリソースなどの観点で改善要望や課題が出てきます。この要望・課題に対し、必要な対応策を取るために、現状の運用体制やその課題などを社内へフィードバックする仕組みを整え、その後の運用の変化に追随可能な環境を用意しておくことも重要です。

リソースの追加・削減、状況によっては外部へのアウトソースなども想定し、社内への相談体制（会議体や上申フロー）と、その後の運用体制の変化に対応できるようなサービスを選定することが求められます。

6-2　ゼロトラストの展開は 対象組織×対象業務・システムの２軸で段階的に

ゼロトラストを社内へ展開する際は、最初は範囲を絞って導入し、ゼロトラスト導入による効果の確認と課題の対処を行いながら、徐々に拡大していくことが重要です。得るべき期待効果をあらかじめ整理し、その効果を確認できる

○図6-3：組織、業務・システムの2軸で段階的に拡大していく

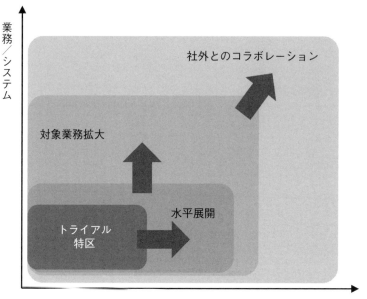

組織や業務から試験的に導入していくことで、全社展開した場合に発生しうる問題を極力排除することができます。

　ゼロトラストを円滑に拡大していくためには、最初に導入対象となる組織や業務を「特区」に指定し、独自のルールを許すことも効果的です。特区で実績を積み重ねながら、組織および業務・システムの2軸で徐々に拡大していきます（図6-3）。

特区で対象組織を絞る

　ゼロトラストは、既存の社内ポリシーにそのまま適用できるものではなく、導入時には社内ポリシーへ必要な修正をしたうえで運用していくことが想定されます。しかし、いきなり全社に影響するポリシーを変更して導入するのは、業務や運用への影響を考慮すると現実的ではありません。まずは、独自のルールにより運用が可能な「特区」を用意し、限られたメンバで試験的に導入・運用

していくという進め方が有効と考えられます。特区への試験導入を通じて確認すべき3つのポイントについて説明します。

◆ ユーザビリティの確認

　ユーザが業務を実施するうえで十分な効率性や満足度などが得られているか、といったユーザビリティ観点での評価を行います。ポイントとなるのは、前章で整理したゼロトラスト導入の目的となるユースケースが実現できているかという点、実際に使ってみたユーザの評価はどうかという点、の2点です。

　1点目のユースケースに関しては、それが実現できるようにアーキテクチャを設計しているため、問題ないと考えられます。しかし、2点目のユーザからの評価に関しては、実際に利用して初めて判明する効果や問題が多くあると思われます。ユーザが評価する視点は部門や業務種別ごとに異なることから、ていねいに意見を集めて対応策を考えていくことが重要です。

　例えば、各種リソースへVPNを利用せずにアクセスするというユースケースが実現できるようになったとします。その一方で、リソースへの接続に要する時間がかかるようになった場合、その業務で反応速度が重視されていたのであれば、ユーザからは不満の声が聞こえてくるでしょう。

◆ 統制面での見直し

　最終的にゼロトラストの導入を全社へ拡大することを想定し、特区内での運用を通して統制面で必要となるルールを見定めていく活動が重要となります。既存の社内ポリシーは従来の境界型ベースのものとなっていることがほとんどであり、そのままではゼロトラストの考え方を全社に適用するのは困難と想定されます。

　特区内の運用を既存の社内ポリシーに照らし合わせ、必要な箇所を修正する形でゼロトラストに即したポリシーを整備し、ゼロトラストを全社に拡張する際の統制ルールを整備していきましょう。

◆ 運用面の課題洗い出し

　特区への試験導入において、運用部隊が問題なく運用し、サービスの取扱いができているか、という点を確認します。セキュアな環境の維持に向けた防御・

監視・検知・復旧などのサイクルが一通り回せているか、動的ポリシーを制御しセキュリティとユーザビリティの精度を向上できているか、という点を意識して、運用面の課題を洗い出していきましょう。

　また、今後の全社展開を想定すると、ユーザ部門などから日々上がってくる意見・課題に対し運用部隊で適切に整理し十分に理解した上で統制面へ反映させる、といったサイクルが重要となります。このサイクルが回せるよう、社内の各部門と十分な連携がとれる体制が構築できているかを確認しましょう。

展開計画の策定

　特区への試験導入で確認すべき観点を整理したら、次に展開に向けた計画を立てます。計画は複数のフェーズに区切り、各フェーズで何を評価し何が達成できていれば良いかを最初に整理しましょう。その後、その評価観点が適切に測定できるよう、対象組織と対象業務・システムの2軸を設定し展開範囲を定めていきましょう。この計画も時間とともに変化するリソース（システムやデータ等）に合わせて柔軟に見直していく必要があります。

　具体的に2軸でどのように展開を進めていくか、以下に記載します。

◆対象組織を広げて水平展開

　ゼロトラストの導入直後は、運用実績の蓄積や動的ポリシーの精度向上などが必要となることもあり、すぐに高いユーザビリティを提供することは難しいかもしれません。そのため、何かしらの業務影響が発生した場合でも事業リスクが比較的低い部門を中心に、特区のメンバを選出していくのが安全です。しかし部門ごとにユースケースやユーザの視点が異なり、事業リスクが低い部門に絞って評価しても、想定する効果が測定できなければ意味がありません。

　事業リスクがある部門でも人数を限定してトライアルメンバを選出し、リスクと効果測定のバランスを取った特区を用意することで、課題整理や全社展開に向けた実績の獲得を行いましょう。

　特区にてユーザビリティ・運用面・統制面などが確認できたら、徐々に特区外の部門・メンバへ展開します。新たなツールの導入により業務プロセスが変更されることがありますが、ゼロトラスト導入時も同様に業務プロセス変更が

求められます。ユーザから業務プロセス変更に伴う利便性の低下を懸念する声が上がると想定されるため、対策としてなるべくストレスを減らすための施策を用意する必要があります。抵抗感なく利用するためのクイックリファレンスや、生産性向上に寄与する側面を特区での実績や効果と合わせて打ち出していくことでスムーズな水平展開を目指しましょう。

◆ 対象業務・システムを拡大

業務を支えるシステムは多種多様ですが、技術的な観点としてそのシステムが配備されるプラットフォーム（クラウド/オンプレミス等）や取り扱う情報種別（個人情報の有無等）の違い、政治的な観点として意思決定者（自社/親会社）の違いなどにより、ゼロトラスト環境への移行に必要な期間や難易度が分かれます。特に意思決定者に対しては、既存環境をゼロトラストに移行するために必要な説明責任を果たさなければならないため、意思決定に持っていくことが可能かどうか、また必要となる材料は何か、を分析し、難易度と必要期間を見定めていきましょう。

しかし、導入のしやすさ・リスクの低さだけを基準に特区で扱う業務・システムを絞るのは適切ではありません。対象組織の考え方と同様に、想定する効果が測定できることも考慮してバランスの取れた特区の業務・システムを選定しましょう。

すべてのシステムを同時にゼロトラスト化することが難しい中で、初期導入時は上記の要素を考慮し、移行難易度が低いシステムから着手し、徐々に難易度の高いシステムへ展開していくことが重要です。完全なゼロトラスト化に向けては長い道のりとなりますが、容易なものから着手して導入効果を早期に獲得していきましょう。

社外とのコラボレーション

普段業務を実施するうえで、自社の社員のみならず社外のメンバとITシステムやネットワーク・データを共有していることは、昨今珍しくありません。社外メンバにもゼロトラストを拡張していく場合にポイントとなるのは、そのメンバをどのように信頼し、どのリソース（システムやデータ等）にどのようなア

クセス権限を与えていくか、という点です。

　一般的に、案件単位でコラボレーション環境を構成する場合が多いです。一方、案件に限定せずに組織間でコラボレーション環境を構成する場合もありますが、各リソース単位でアクセス権限を制御する必要があり、導入事例としてはまだ少ないのが現状です。

　どちらのパターンにおいても、コラボレーション先のメンバと対象リソース、アクセス権限、および想定される自社のリスクを整理し対策をとることが重要です。共有するリソースと想定リスクを洗い出し、リスク対策としてNDAなどの契約を結ぶなどして事前にコラボレーション先と合意しておきましょう。また、自社で制定したルールを原則としつつも、コラボレーション上例外として認めなければならない点は、リスク対応とバランスを取ったうえで判断しましょう。

6-3　ロードマップの進捗管理・見直し

　経営や事業の目標を実現するための「デジタル化」がここ数年の重要なキーワードとなっていますが、この戦略をデジタル戦略と呼んでいます。デジタル戦略を実現するうえで必要なITシステム基盤整備に関するロードマップのひとつが、ゼロトラストモデル導入のロードマップと言えます。そのため、前章にて説明しているロードマップは経営・事業戦略、IT戦略が年次や半期で見直されるのに連動し、年次や半期での見直しが必要となってきます。

　ロードマップは長期視点、短期視点の両面で考えて策定しているため、年次や半期で全体がガラリと変わる見直し、というよりはロードマップの現在の進捗や、現在置かれている環境、例えば運用上の課題、業務プロセスの変化、セキュリティのトレンド、などをふまえた修正となります。

　ゼロトラストへの道はGoogleのような巨大IT企業をもってしても8年以上の時を割いて取り組んでおり、しかもいまなお更新を続けているという、まさに常に検討を積み重ねて歩み続けなければならない活動です。このようにゼロトラストのロードマップは継続的な管理を必要とするものであることを忘れない

ようにして下さい。

　一般に、経営戦略の策定、次に経営戦略を支えるIT戦略が策定されたあと、IT部門側ではIT戦略に基づいたIT中期経営計画をまとめるステップを踏まれていることと思います。ゼロトラストモデル導入のロードマップはIT中期経営計画の一部としてその策定および年次の見直しが行われるようにすると良いでしょう。

　次に、ロードマップの管理としては、活動の進捗がロードマップに則っているかの確認、ゴールに向かって新たに出現するハードルや種々の見直し事項(例えば社内規則や業務プロセスなど)の把握とそのためのアクションの確認・策定がその活動タスクですが、ここでは半期、年次での見直しポイントについて説明します。

　ロードマップに従って導入を進めるゼロトラスト関連のソリューションや仕組みを日々運用する中で、ユーザからあがる問合せ、依頼事項は半年、一年でかなりの数に上ると思います。またこれらを日々適切に収集し、分類することが大切です。これらの中には、ロードマップを定義した時点では想定できなかったもの、ロードマップで規定した進め方を改めなくてはならないような新しい課題も生まれることもあるかと思います。これら収集される新たな依頼や課題を改めて長期的な課題、短期的(解決可能な)課題に分け、ロードマップ修正のための検討材料とします。

　運用観点ではユーザの数そのものとは別に、ユーザの種類や範囲や守るべき社内リソースの拡大により、現在の運用体制ではまかないきれないものも出てくる場合があります。例えば、ユーザがグローバルに拡大するような場合は、グローバル利用のアプリケーションに対する障害対応、ネットワーク、サーバなどの技術サポート対応、ヘルプデスクの24時間体制化など、アジアと欧米とで24時間の体制を分ける検討が必要になってくるかもしれません。グローバルでユーザのコラボレーションが進むと、アクセス権限に関するグローバルで統一した基準が必要になってくる場合もあります。

　職位、職階でアクセス権を設定している場合、日本での部長とヨーロッパでのGeneral Managerは同じ職位なのか、アジアエリアでも日本とそれ以外の国のマネージャー職は同じアクセス権レベルで統一されるのかといった検討事項が増えることでしょう。

　グローバルな運用体制作りの前に、検討課題に挙がってくるのは種々のセキュリティ関連のルール、ポリシー、そしてそれらを考慮して構築されている業務プロセスの見直しかもしれません。これらをグローバルで見直す場合は、国内で基準を定める場合よりも、たくさんのハードなネゴシエーションが発生し、調整のハードルが高いことが多々ありますので、これらに関するスケジュールをロードマップの中に組み込むことが肝要です。

　ゼロトラスト技術は日々進化を遂げているとともに、各ベンダーから提供されるゼロトラストソリューションやサービスはその機能範囲が大きくなる傾向にあります。例えばCASB（Cloud Access Security Broker）を提供していたベンダーがURLフィルタリングやアンチウィルスなどの機能をSWG（Secure Web Gateway）としてクラウドサービスを提供したり、さらにSD-WAN（Software-Defined WAN）といったWAN機能を統合し、SASE（Secure Access Service

○図6-4：インシデント連絡体制のモデル例

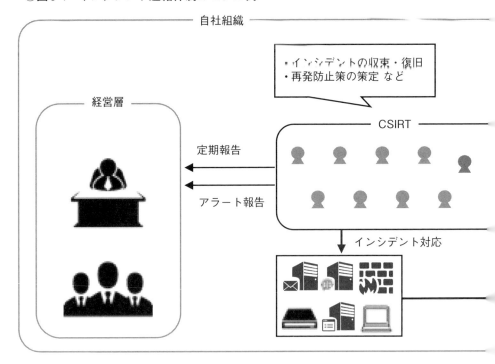

Edge）という名称で提供するベンダーも登場しています。そのため、これまで個々で契約していた単一サービス群が1つのベンダーでまとめられる可能性が出てきます。ロードマップ見直しの際にはこのようなベンダーの動きも見ておく必要があります。

6-4　ゼロトラスト導入後の運用管理

　6-1節で述べたように、ゼロトラストモデルは複数のサービスで情報連携し合って全体としてセキュリティを維持するものです。そのため日々の運用では、それぞれのサービスから取得されるさまざまなログデータを用い、ウィルス感

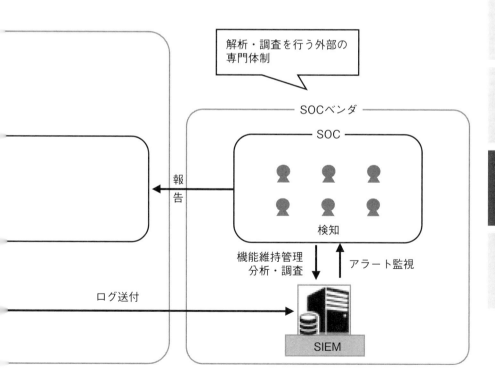

染、不正アクセスなどさまざまな兆候をいち早く検出することが重要なタスクであり、ゼロトラストを運用するうえで肝となる部分です。

　昨今のサイバー攻撃は巧妙化しており、さらに複雑になっているため、これらに対抗するには、ネットワーク機器、サーバー、エンドポイントであるユーザのPC端末などから出力されるログデータの相関解析からサイバー攻撃の予兆を見つけ出すなど、いち早くリスクとなる芽を摘むことが重要です。

　一般にこのような解析・調査を行う専門の体制をSOC（Security Operation Center）といいます。SOCはSIEM（Security Information and Event Management）などを使ってさまざまなログデータを収集し、SIEMでは検知したい異常な振る舞いを登録することで、そのアラート情報を元にさらに解析、調査を行います。

　また、解析と調査により実際にサイバー攻撃と判断され、さらに被害が出ていることが確かめられた場合には、セキュリティインシデントとして、CSIRT（Computer Security Incident Response Team）に連携し、インシデント対応にあたることになります。CSIRTは経営層への状況の連携、外部諸機関への連絡、インシデントの収束・復旧から再発防止策の策定等々を担います。

　さまざまなログデータの取得や解析は運用負荷が高いものであり、専門性が要求されます。自社で十分なセキュリティ体制を敷くには人材、そして膨大なログの蓄積、解析するリソース（解析システム、データ保管場所など）を確保するのはコスト面で折り合いが付かないことが多々あります。SOCやSIEMの機能を外部の専門サービスにアウトソーシングすることも考慮に入れるべきでしょう。

　外部の専門サービスにアウトソーシングと書きましたが、現在、MSS（Managed Security Service）と呼ばれるサービスが各ベンダーから提供されています。MSSには単一の製品機器やゼロトラスト構成の一部に対して提供されるもの、例えば簡易なサービスの場合、死活監視だけを行うものなどがあります。

　また、ネットワークの設計から、ユーザのゼロトラスト構成で必要となるセキュリティ対策の導入から運用支援のほか、24時間365日の体制でセキュリティ監視、ログ解析、アラート実施まで一貫してサービス提供するものもあります。自社の運用体制などに合わせて、サービスの選択をするのがよいでしょう。

　ゼロトラスト構成の場合、利用機器や利用サービスの組み合わせが多くなる

傾向にあり、それぞれの単一運用サービスを受ける場合はそれらを総合的に解釈する必要があります。複数の運用サービスの提供を受ける場合はこれら全体を見渡して運用に当たる人員の負荷、スキルセットの要求レベルが高くなる傾向にあります。運用サービスの統合の検討を入れていくと良いと思います。

第**1**章

第**2**章

第**3**章

第**4**章

第**5**章

第**6**章

Appendix

Column システムアーキテクチャ方針の策定と
ガバナンス

　「デジタルの力で経営目標の実現を」、「これからはデジタル戦略だ」等々の言葉が発せられる以前は、最初に経営戦略があり、それを下支えするものとしてIT戦略を整備するというのが一般的であったと思います。この従来のIT戦略は経営戦略で定められたビジネスの方向性に沿って、自社のIT投資をどのようなエリアに注力していくかを定めるほか、自社のITシステムアーキテクチャの方針を定めるものでありました。IT戦略はいわば自社のITの全体最適を求めるものでした。

　一方、デジタル戦略は「経営や事業の目標、ゴール実現のためにどのような事業分野で、どのようにデジタル力を強化するか、デジタルの力を使うか」という内容であるため、誤解を恐れずに書くと、事業戦略そのものにIT戦略が含まれ、全体でデジタル戦略ということになります。但し、この場合のIT戦略は会社全体のITの最適化は考慮されることはあまりないと言えます。

　IT戦略というと、「攻めのIT」「守りのIT」という言葉をよく耳にすると思います。攻めのITにはITを梃子に企業の競争力強化に直に繋がるIT戦略があり、守りのITにはコーポレートITといった自社内システムによる業務効率化、利便性向上、そして社内IT全体最適化のためのIT戦略があります。上記のデジタル戦略では前者のIT戦略を想定しています。

　デジタル戦略は、企業全体に及ぶ話になるため、デジタル戦略の推進責任者は、どの事業分野にも通じ、さらに発言力（影響力）を持った人材である必要があります。そのため、企業の最高経営責任者（CEO）がこれを担ったり、あるいは、取締役会メンバーの役員を最高デジタル責任者（CDO）に任命したりします。また、全事業部門との連携がしやすい位置に組織を作り、その組織の長が実質的なCDOとなる場合もあります。例えば、社長直下の組織としてデジタル推進本部、あるいはデジタル推進室なる組織を置くことが多いようです。当該組織の責任者は従来のCIOと連携し、自社の守りのITにも気を配る必要があると考えます。

　一方、ゼロトラストモデルの導入は新しいセキュリティモデルの導入とも言えるセキュリティ対策の考え方の導入であるため、セキュリティ部門のチェックも重要です。本書全体で述べるように働き方改革の1つの武器としてゼロラストモデルを導入するという動きはCDO（もしくはCIO）のデジタル推進活動ですが、セキュリティの観点でのチェックはデジタル推進とは独立したセキュリティ部門側のチェック、牽制は維持する必要があると考えます。セキュリティ部門のトップはCISO（Chief Information Security Officer）と称されますが、現在CISO、CIOの独立性はその役割を兼務する企業も多いことから、今後の課題と思います。

Appendix

ゼロトラストモデルに活用される主要サービスの一覧

第4章では、ゼロトラストモデルは「認証・認可」「ネットワーク」「エンドポイント」「ログ集約と分析の高度化」の4つの技術要素について解説しました。ここでは、ゼロトラストセキュリティアーキテクチャに活用されるサービスをカテゴリごとに例示します（図A-1、表A-1）。

なお、表A-1のリストは本書サポートページにもリンク先と共に掲載しています。リンク先を確認する際にご利用ください。

- 本書のサポートページ
  https://gihyo.jp/book/2022/978-4-297-12625-4

○図A-1：主要な技術要素とカテゴリ

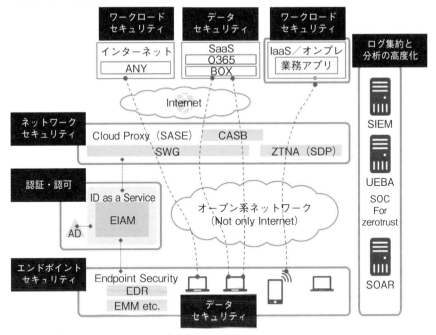

※図4-4（P.87）をもとにカテゴリ分けしています。

○表A-1：技術要素と主要なサービス

技術コンポーネント	ソリューションのサービス名
認証・認可	
EIAM （Enterprise Identity Account Management）	Okta　*URL* https://www.nri-secure.co.jp/service/solution/okta
	Azure Active Directory *URL* https://azure.microsoft.com/ja-jp/services/active-directory/
	Google Cloud Identity　*URL* https://cloud.google.com/identity
ネットワーク	
SASE （Secure Access Service Edge）	Netskope　*URL* https://www.netskope.com/jp/security-defined
	Prisma Access *URL* https://www.paloaltonetworks.jp/sase/access
	Cato SASE クラウド *URL* https://www.catonetworks.com/jp/cato-cloud/
SWG （Secure Web Gateway）	Zscaler Internet Access（ZIA） *URL* https://www.nri-secure.co.jp/service/mss/zscaler
	Menlo Security　*URL* https://www.menlosecurity.com/ja-jp/
ZTNA （Zero Trust Network Access）	Zscaler Private Access（ZPA） *URL* https://www.nox.co.jp/products/zscaler/zpa/index.shtml

技術コンポーネント	ソリューションのサービス名
エンドポイントセキュリティ	
NGAV EDR	CrowdStrike Falcon *URL* *https://www.crowdstrike.jp/endpoint-security-products/falcon-platform/*
	Microsoft Defender for Endpoint *URL* *https://www.microsoft.com/ja-jp/security/business/threat-protection/endpoint-defender*
	Cortex XDR *URL* *https://www.paloaltonetworks.jp/cortex/cortex-xdr*
ITAM (IT Asset Management)	PC Check Cloud *URL* *https://www.nri-secure.co.jp/service/solution/pccheck*
	Service Now Hardware Asset Management（HAM） *URL* *https://www.servicenow.co.jp/products/hardware-asset-management.html*
EMM	Microsoft Intune *URL* *https://docs.microsoft.com/ja-jp/mem/intune/*
ワークロードセキュリティ	
CWPP CSPM	Prisma Cloud *URL* *https://www.paloaltonetworks.jp/prisma/cloud*
ログ集約と分析の高度化	
SOC SIEM UEBA SOAR	Neo SOC *URL* *https://www.nri-secure.co.jp/service/mss/log_monitoring*
	Splunk　*URL* *https://www.splunk.com/ja_jp*
	ArcSight Intelligence *URL* *https://www.microfocus-enterprise.co.jp/products/interset-ueba/*
	IBM QRadar　*URL* *https://www.ibm.com/jp-ja/qradar*
	Microsoft Sentinel *URL* *https://docs.microsoft.com/ja-jp/azure/sentinel/*
	BigQuery　*URL* *https://cloud.google.com/bigquery/*
	Exabeam　*URL* *https://www.exabeam.com/ja/*
	ServiceNow　*URL* *https://www.servicenow.co.jp/*
Identity Security	Microsoft Defender for Identity *URL* *https://docs.microsoft.com/ja-jp/defender-for-identity/*
データセキュリティ	
CASB DLP IRM (Information Rights 　Management)	Netskope　*URL* *https://www.netskope.com/jp/products/casb*
	Microsoft Cloud App Security *URL* *https://docs.microsoft.com/ja-jp/defender-cloud-apps/*
	Azure Information Protection（AIP） *URL* *https://docs.microsoft.com/ja-jp/azure/information-protection/*
	Final Code　*URL* *https://www.finalcode.com/jp/*
	BOX　*URL* *https://www.box.com/ja-jp/*
	Proofpoint ITM（Insider Threat Management） *URL* *https://www.proofpoint.com/jp/products/information-protection/insider-threat-management*

索引

執筆者紹介(掲載順)

浦田 壮一郎(うらた そういちろう) ※担当：第1章
2004年、日本IBMに入社し、国内金融機関やグローバル企業向けのアウトソーシング事業の経験を経て、2016年に野村総合研究所(NRI)入社。現在はシステム化構想・計画の策定、アーキテクチャ標準の策定、PMO支援などコンサルティング業務に従事。専門はシステム化構想・計画の策定、アーキテクチャ設計。

岡部 拓也(おかべ たくや) ※担当：第1章、第4章、第5章
2007年、日本IBMに入社し、基盤設計・アウトソーシングに従事。2011年、デロイトトーマツコンサルティングに入社し、IT中計策定、ITデューデリジェンス等の経験を経て、2016年に野村総合研究所(NRI)入社。現在は、セキュリティ戦略策定、ゼロトラスト構想・アーキテクチャ設計、セキュリティアセスメント、CSIRT構築、セキュリティソリューション導入支援に従事。著書に『セキュリティ設計実践ノウハウ』(共著、日経BP社)などがある。

羽田 昌弘(はねだ まさひろ) ※担当：第2章
2002年、日本IBMに入社し、国内金融機関向けのアウトソーシング事業の経験を経て、2015年に野村総合研究所(NRI)入社後、NRIセキュアテクノロジーズへ出向。現在はITサービス不正利用監視構築PMOに従事。専門は、セキュリティ要件定義、セキュリティアーキテクチャ設計、セキュリティアセスメント。

原田 弘道(はらだ ひろみち) ※担当：第3章
2015年、国内大手SIerに入社し、クラウド型プロキシ・Web情報漏えい対策などのセキュリティに係るプリセールスおよびIaaSの認証取得業務を経験。その後2020年に野村総合研究所(NRI)へ入社。現在は、認証認可に係るシステム構想企画、PMO支援などのコンサルティング業務に従事。専門はシステム化構想の策定と実行支援。

堀木 章史（ほりき あきふみ）※担当：第4章
2006年、大和総研に入社し、通信業界、及び証券業界のアプリケーション、インフラ、セキュリティ製品に関する、要件定義からリリースまでの全工程を経験。2020年に野村総合研究所（NRI）に入社しNRIセキュアテクノロジーズへ出向。現在は、ゼロトラストやIAM領域、サービスセキュリティなど、DX関連のセキュリティ・コンサルティングに従事。

川内谷 直樹（かわうちや なおき）※担当：第4章
2007年、国内大手SIerに入社し、金融業界を中心にアプリケーション、ITインフラ、クラウド、およびPCIDSS準拠関連サービスに係る、要件定義、設計、構築、運用を経験。2020年に野村総合研究所（NRI）に入社しNRIセキュアテクノロジーズへ出向。現在は、ゼロトラストやIAM領域、サービスセキュリティなど、DX関連のセキュリティ・コンサルティングに従事。

小坂 充（こさか みつる）※担当：第4章、第5章
2009年、IIJに入社し、SD-WAN/SASEサービスの先駆けとなる「SEIL」事業に携わり、サービス企画、ITインフラの設計・構築・運用等の業務に従事。2017年、野村総合研究所（NRI）に入社し、NRIセキュアテクノロジーズへ出向。インフラセキュリティを中心にコンサルティング業務に従事。専門はクラウドセキュリティの戦略・実装支援、セキュリティアーキテクチャ設計。

松下 潤（まつした じゅん）※担当：第4章
2009年、外資系SIerに入社し、流通業向けアウトソーシング事業を経験。2014年、国内大手Web会社に入社し、大規模Webサービスの構築・運営を得て、2019年に野村総合研究所（NRI）へ入社しNRIセキュアテクノロジーズへ出向。現在はEDR導入・SOC監視運用の支援やゼロトラストなどのコンサルティング業務に従事。専門は端末セキュリティ、セキュリティ運用の設計・管理。

中川 尊(なかがわ たかし) ※担当：第5章
2006年、外資系メーカーに入社し、ストレージを主としたプリセールスを経験。その後国内大手SIerにて大規模PJのPMやクラウドサービスの開発・運用の経験を経て、2019年に野村総合研究所(NRI)へ入社。現在は、システム化構想、PMO支援などのコンサルティング業務に従事。専門はシステム化構想・計画の策定と実行支援。

堀崎 修一(ほりさき しゅういち) ※担当：第5章、第6章
1996年、日立製作所生産技術研究所に入社し、半導体製造生産管理、製造実行システム等の研究・企画を経て、2003年に野村総合研究所(NRI)入社。現在は、システム化構想、情報システムの最適化及び調達支援、PMO支援などのコンサルティング業務に従事。専門はシステム化構想・計画立案・要件定義、調達支援。

田村 史帆(たむら しほ) ※担当：第5章
2017年に野村総合研究所(NRI)に入社し、NRIセキュアテクノロジーズへ出向。CSIRT構築・評価支援やサイバー攻撃対応演習支援等のコンサルティング業務、テレワークセキュリティガイドラインの作成支援などのセキュリティコンサルティング業務に従事。

平澤 崇佳(ひらさわ たかよし) ※担当：第6章
2016年、国内通信系研究所に入社し、トランスポートレイヤの通信インフラ研究開発に従事。関連会社のクラウドインフラの設計・開発等の経験を経て、2020年に野村総合研究所(NRI)へ入社。現在は、システム化構想、RFP策定支援などのコンサルティング業務に従事。

石井 晋也（いしい しんや）※担当：編集
2001年、野村総合研究所に入社し、グローバル・グループ統合IDおよびAPI
基盤の計画支援・構築、デジタルアイデンティティソリューションの事業戦略・
サービス企画などを担当。2014年にNRIセキュアテクノロジーズ株式会社に
出向し、デジタルアイデンティティ／サイバーセキュリティ／DXセキュリティ
に係わるコンサルティングに従事。

鳥越 真理子（とりごえ まりこ）※担当：編集
1976年生。防衛省航空自衛隊、優成監査法人を経て、2012年に野村総合研究
所に入社しNRIセキュアテクノロジーズへ出向。専門は、システム監査・保証
（SOC1/SOC2）、ITガバナンス、情報セキュリティマネジメント、内部統制、
インシデント対応とデジタルフォレンジック。著書に『経営者のための情報セ
キュリティQ&A45』（日本経済新聞出版）がある。

●装丁　　　　　　　植竹 裕（UeDESIGN）
●本文デザイン・DTP　朝日メディアインターナショナル
●編集　　　　　　　取口敏憲

■お問い合わせについて
　本書に関するご質問は、本書に記載されている内容に関するもののみとさせていただきます。本書の内容と関係のないご質問につきましては、いっさいお答えできませんので、あらかじめご了承ください。また、電話でのご質問は受け付けておりませんので、本書サポートページを経由していただくか、FAX・書面にてお送りください。

<問い合わせ先>
●本書サポートページ
https://gihyo.jp/book/2022/978-4-297-12625-4
本書記載の情報の修正・訂正・補足などは当該Webページで行います。

●FAX・書面でのお送り先
〒162-0846　東京都新宿区市谷左内町21-13
株式会社技術評論社　雑誌編集部
「ゼロトラストネットワーク[実践]入門」係
FAX：03-3513-6173

　なお、ご質問の際には、書名と該当ページ、返信先を明記してくださいますよう、お願いいたします。
　お送りいただいたご質問には、できる限り迅速にお答えできるよう努力いたしておりますが、場合によってはお答えするまでに時間がかかることがあります。また、回答の期日をご指定なさっても、ご希望にお応えできるとは限りません。あらかじめご了承くださいますようお願いいたします。

ゼロトラストネットワーク[実践]入門

2022年 3月 2日　初版　第1刷発行
2023年 9月 ?日　初版　第3刷発行

著　者　野村総合研究所、NRIセキュアテクノロジーズ

発行者　片岡　巌
発行所　株式会社技術評論社
　　　　東京都新宿区市谷左内町21-13
　　　　TEL：03-3513-6150（販売促進部）
　　　　TEL：03-3513-6177（雑誌編集部）

印刷／製本　昭和情報プロセス株式会社

定価はカバーに表示してあります。

造本には細心の注意を払っておりますが、万一、乱丁（ページの乱れ）や落丁（ページの抜け）がございましたら、小社販売促進部までお送りください。送料小社負担にてお取り替えいたします。

ISBN978-4-297-12625-4　C3055

Printed in Japan